水利工程建设与水利工程管理

李　龙　高洪荣　李国伟　著

吉林科学技术出版社

图书在版编目（CIP）数据

水利工程建设与水利工程管理 / 李龙，高洪荣，李国伟著. -- 长春 : 吉林科学技术出版社，2022.8

ISBN 978-7-5578-9863-2

Ⅰ. ①水… Ⅱ. ①李… ②高… ③李… Ⅲ. ①水利工程管理 Ⅳ. ①TV6

中国版本图书馆 CIP 数据核字（2022）第 198190 号

水利工程建设与水利工程管理

著　　李　龙　高洪荣　李国伟
出 版 人　宛　霞
责任编辑　杨超然
封面设计　树人教育
制　　版　树人教育
幅面尺寸　185mm×260mm
字　　数　230 千字
印　　张　10.5
印　　数　1-1500 册
版　　次　2022年8月第1版
印　　次　2023年3月第1次印刷

出　　版　吉林科学技术出版社
发　　行　吉林科学技术出版社
地　　址　长春市福祉大路5788号
邮　　编　130118
发行部电话/传真　0431-81629529 81629530 81629531
81629532 81629533 81629534
储运部电话　0431-86059116
编辑部电话　0431-81629518
印　　刷　三河市嵩川印刷有限公司

书　　号　ISBN 978-7-5578-9863-2
定　　价　65.00元

前　言

水利工程作为我国基础的设施建设，为我国社会的稳定发展打下了坚实的基础，进行水利工程的建设不但可以有效抵御洪水，还能够做到蓄水的功能，帮助农业进行灌溉，使得水利工程附近的经济水平都能得到明显的提升。水利工程可以说是非常重要的一项工程，因此应当对水利工程的管理与建设予以重视，其中水利工程的运行管理是整个水利工程中非常重要的一个部分，只有对水利工程进行良好的管理，才能确保水利工程的建设目标能够实现，促进我国社会的稳定发展，提高我国国民经济的整体水平。

本书首先概述了水利工程基础内容，然后详细分析了土石方工程建设、施工排水工程建设、爆破工程建设及防汛抢险工程建设，最后探讨了水利工程质量管理、水利工程安全管理以及价值工程在水利建设与管理中的应用等相关内容。本书结构严谨、条理清晰、层次分明、重点突出、通俗易懂，具有较强的科学性、系统性和指导性。

在本书的策划和编写过程中，编者曾参阅了国内外有关的大量文献和资料，在此致以衷心的感谢。由于编者学识水平和时间所限，书中难免存在缺点和谬误，敬请同行及读者指正，以便进一步完善提高。

目　录

第一章　水利工程概述

第一节　水利工程建设

水利工程是人类为了除害兴利而建设的一种工程项目，建设水利工程不仅能够促进社会的经济发展，同时也能够提高我国的综合国力，因此在我国的现代化建设进程中，国家投入了大量的人力、物力进行水利工程建设。在当前的水利工程建设中，要想实现对水利工程质量的有效控制，首先必须要建立起一套科学完善的水利工程建设质量管理体系，并且严格按照该管理体系进行质量管理，从而使水利工程建设质量管理工作顺利进行，确保水利工程的质量和性能。

一、当前水资源开发利用的现状

我国蕴藏着丰富的水资源，淡水总量在世界排名第六，但是由于我国人口基数大，截至 2020 年我国的水资源总量是 31605.2 亿 m^3，人均水资源占有量约 2300m^3，不足世界人均的四分之一。当前我国水资源开发利用的现状如下：

（一）未真正实现对水资源的市场配置

①我国的水价过低。当前，我国大部分农业用水仍然是免费的，即使部分收费，也远远低于成本。据资料统计，我国收取的水费仅能达到成本的 62%。②水资源浪费现象严重。工农业用水成为水资源利用的重要部分，由于工业用水的利用率不高，农田灌溉仍采用传统的大水漫灌形式，造成水资源的严重浪费。③人们的节水意识薄弱。由于在很多人的意识里，水资源就是取之不尽、用之不竭的，从而肆意浪费水资源。

（二）水质污染的问题日益显著

近年来，随着我国社会经济的快速发展，工农业规模不断扩大，工矿企业、城镇废弃污水未经彻底处理就排放到河流中，再加上农药和化肥的普遍使用，加大了河流的污染。据有关资料统计，在全国所排放的污水中，工业废水占 70%，生活污水占 10%，这样不但助长了水资源供需矛盾，而且对水环境造成了严重污染。当前，很多河流都受到了一定程度的污染，出现了浑浊、变臭、鱼虾绝迹的现象，造成了严重的经济损失。

（三）未建立起完善的水资源法制管理体系

从我国的《水法》中可以看出，水资源属于国家所有，从而需要国家对水资源进行统一管理。然而，由于未制定出详细的制度，以及中央和地方间、行业与行业间职责不清，使得在利用水资源过程中出现了谁开发谁利用的现象，在一定程度上违背了我国水资源统一管理的经济权益性，水资源也未得到合理的开发和利用。

二、水利工程建设管理概述和特点

水利工程项目不仅关系着工农业的生产活动，也关系着人们的日常生活，所以是一项关系国计民生的重要工程，必须引起有关部门的足够重视。水利工程建设的主要目的是更加合理地利用现有的水资源为人们的生产和生活服务，根据规模大小，可以简单分为大中型水利工程建设和小型水利工程建设。因为水利工程建设是涉及范围非常广、投入资金特别多的建筑项目，所以我们必须要合理地利用国家的财政，搞好水利工程中的管理工作，使项目的各项资源能够合理配置，尽量节约工程成本，用最少的经济成本发挥最大的效益。

水利工程项目作为建筑项目的一个重要组成部分，其管理过程有着建筑项目管理的共性，既要根据水利工程的建筑双方拟定的建筑合同来审查建筑的各个环节是否达标，也要审查各项操作是否符合国家的相关标准和规定。另外，根据水利工程的具体分类不同，对不同类型的水利工程项目有着不同的管理要求。

三、加强水利工程施工的安全措施

（一）加强领导，落实责任，努力保证水利工程的安全运行

进入夏季，既是水利建设的施工期又是各农作物的灌溉时节，既要做好安全生产工作，又要加强领导、落实责任，切实采取有力措施，保证水利系统安全稳定运行，努力完成各项任务。

（二）高度重视，加强预防，防范自然灾害对水利的影响

夏季是旱情和暴雨等自然灾害多发期，人们面临抗御自然灾害、保证水利安全的风险加剧。为此要高度重视灾害性天气的防御工作，密切监视天气、雨情和水情，加强巡视和维护，根据天气变化，及时做好各项防灾工作，保障水利安全。

（三）规范水利工程建设前期工作，强化资金管理

着力解决或避免擅自改变规划、未批先建、违规设计、变更设计、挤占和挪用建设资金等突出问题，促进水利工程建设项目规划和审批公开透明，不断提高水利工程建设项目前期工作质量，规范资金使用管理。

（四）建立水能资源开发制度，强化水能资源管理

着力加强水能资源管理，建立健全水能资源开发制度和规范高效、协调有序的水能资源管理工作机制，遏制水能资源无序开发，促进水能资源可持续发展。

（五）规范水利工程建设招投标活动

加强水利工程招投标管理，着力解决规避招标、虚假招标、围标串标、评标不公等突出问题，确保水利工程建设招投标活动的公开、公平、公正。

（六）加强工程建设和工程质量安全管理

着力解决项目法人不规范、管理力量薄弱、转包和违法分包、监理不到位、质量安全措施不落实等突出问题，避免重特大质量与安全事故的发生。

综上所述，水利工程建设不仅关系着水利工程质量本身，也关系着人们的生产生活，所以加强水利工程建设的管理势在必行。工程的相关工作人员要从水利工程建设的各个阶段入手，一方面要严抓规划设计和工程建设，另一方面要严抓工程招标和合同管理，才能协调好水利工程的管理工作，为我国的水利工程建设管理摸索出更多更好的管理经验，积极推进水利工程建设的发展，促进社会主义现代化建设。水利是国民经济的命脉，是国家的基础产业和基础设施，水利工程是抵御水旱灾害、保障水资源供给、改善水环境和水利经济实现的物质基础。水是社会经济发展不可或缺的物质资源，是环境生命的“血液”。水利工程管理体制还需要大家共同探讨、共同努力。

第二节　水利工程的生态效应

生态环境保护是国家的基本国策，在各行各业中，必须把环境保护作为基础，水利工程同样如此。水利工程建设直接影响着江河、湖泊以及周围的自然面貌、生态环境，只有不断解决建设过程中存在的问题，改进设计方案，提高对环境的保护措施，才能让水利工程创造出良好的生态环境，也创造出更多的经济价值。

水利工程是一项烦琐但任重而道远的项目，关乎着我国的农业、电力等方面的发展以及民生的生命、财产安全。在水利工程构建的蓝图中，应该重视生态环境的保护，但在我国的建设过程中，存在着许多影响生态环境的问题，而且刻不容缓，不容小视，只有及时处理管理问题，完善水利工程建设体制，才能让生态环境形成良好循环。

一、水利工程的生态效应问题分析

（一）水利工程破坏了河流流域的整体性

河流是一个连续的整体，是从源头开始，经多条支流汇集而成的一个合流。当挡潮闸

关闭时，拦截地域水含量提升，水位相对差度升高，河流内河沙、有机物等被囤积，整个河流被分割成多段，各段各成分含量明显不同，而且酸碱度、河流含盐度也发生了改变。与此同时，河流两岸河道的形状、状态也有所改动，多次对河流的阻隔，河道逐渐形成新的状态，河床不断提升，产生河堤崩塌的概率逐步提升。

（二）水利工程迫使鱼类改变洄游路线

河流里的鱼群有相应的生活范围及洄游路程，即鱼类在一年或一生中所进行的周期性定向往返移动。同种鱼往往分为若干种群，每一种群有各自的洄游路线，彼此间不相混合。但是，水利工程建设存在对鱼群生命活动考虑不充分，只根据河流治理、防范进行就地建立水库、堤坝等工程建设问题，导致鱼类的洄游路线发生改变，鱼类的生命活动受到限制，有的鱼类因无法及时做出路线改变和适应新环境，从而大面积死亡，甚至致使濒临物种走向灭绝。

（三）水利工程改变下游原有环境

水利工程的建立，还影响着河流的水流状态，如温度、水文等。过度控流，水位升高，水流速度降低，有机物等更换速率降低，温度容易升高，造成水内缺氧，水生植物以及动物生存困难，物种之间竞争加剧，出现部分生物逐步消失，再次修复时，困难进一步加剧，对环境的影响是恶性连续循环式的，有待及时完善。同时，水文特性也被工程的建立所干预，只有及时监测水文的变化，做出相应的调控，才能有效地改善下游的生态环境。

二、水利工程生态问题的解决对策

（一）保证河流流域的整体性

不同河流流域的情况不同，环境抵御干扰的能力也不一样，工程设计人员应该实地考察，掌握该地环境的相关信息，比如，河流周边植被的种类与生存相关要求、河流水流量、河流易断流时节等。根据检测的信息，做出科学、合理的基本判断，结合水利工程建设基础理论，设计出能够保证河流不断流、整体性良好的工程方案，并要使用环保型材料，充分使用先进的技术，完成工程项目的同时也保护了生态环境的现有状态。另外，可以添加检测设备，随时检测河流、河道等的实时动态，及时做出相应的挡潮闸的开关活动，限制规划河流流量的大小，从而达到河流的有效控制。

（二）充分保证鱼类洄游路线

在水利工程建设之前应该进行充分的调研，掌握该河流鱼群是否进行洄游行为、洄游行为的时间段、各类鱼群的洄游对河水本身的要求等鱼群信息，对数据进行整理汇合，并将生态理念与工程建筑相结合，鱼群洄游行为与工程构造相结合，做出科学、合理的工程设计，从而不断地完善对鱼群治理的体系。例如，当鱼群进行洄游时，调控挡潮闸，使得上下游连成整体，恢复鱼群洄游路线，当鱼群完成洄游行为，及时关闭挡潮闸，从而恢复蓄水、发电等工程，既帮助鱼群完成了必需的生命活动，使得鱼类生活不受干扰，也不耽搁工程项目的实施。

（三）保证下游环境的可持续发展

下游原有环境有自身的生态圈，工程的建立改变了河流本身的水文，致使下游环境发生对应的质变。相关的水文部门实时监测水文的动态，长期记录数据，做好备份工作，出现问题时，将数据与理论相结合，及时做出有效的操控手段，对水资源进行整治与保护。

我国水利工程在不断发展，但是，存在的问题也日益彰显，必须立即完善水利工程体制，改进工程技术，而且，水利工程建设应该始终本着以生态文明为基础、经济发展为主体的核心价值理念，努力建立资源节约型、环境友好型、技术合理型的高端水利工程体系，得以在防洪、供水、灌溉、发电等多种目标服务方面做到各项兼备，从而使水利工程走向国际化。

第三节　水利工程基础处理

本节分析了不良地基对水利基础处理的影响、方法及基础处理的要求，总结了基础处理的施工技术并指出了相关注意事项，以期为我国水利工程事业的可持续发展提供参考。

一、水利工程基础处理的作用及重要性

水利工程不同于其他一般建筑工程，一次性施工和交叉施工是其重要特征，其一般表现形式为水电站施工建设，且要求较高，多半在水下地下施工。基础施工包括两部分：地基处理和基础工程。地基处理对工程整体性有重要影响，良好的地基建设能保证工程的质量。地基处理是水利工程的基础，需要大量的资金、人力、设备、技术，在工程建设中有着极其重要的作用。

二、不良地基对水利基础处理的影响及解决方法

不良地基对水利基础处理的影响表现在基础沉陷量过大，基础水力的坡降超过允许的范围值；地质条件差，抵滑抗稳的安全系数比设计值要小；地基里面没有黏性土层，细砂层则有可能因为振动使其塌落，导致施工进度延缓，或因为塌落造成人员伤亡和破坏已修建好的工程。

（一）强透水层的防渗处理

以大坝为例，刚性坝基砂、卵、砾石都属于强透水层，一般都会开挖清除，土坝坝基砂、卵、砾石层因透水强烈，不但损失水量，且易产生管涌，增大扬压力，影响建筑物的

稳定性，一般要做防渗处理。处理方法:将透水层砂、卵、砾石开挖清除回填黏土或混凝土，构筑截水墙。利用冲抓钻或冲击钻机作大口径造孔，回填混凝土或黏土形成防渗墙。采用高压喷射灌浆方法修筑水泥防渗墙，水泥或黏土帷幕灌浆。坝前黏土或混凝土铺盖，延长渗径，帷幕后排水减压，设置反滤层。

（二）可液化土层的处理

可液化土层是指没有黏性土层或有很少黏性土层在停止作业或振动的情况下，其压力较大，下边的水压力上升，使地基沉陷、失去稳定，危及建筑和人员的安全。常用处理方法：一是将可液化土挖掉拉走，填入石灰或砂石等其他强度较高、防渗性能良好的材料；二是挤压使土层密实或一层一层振动压实；三是周围用模板固定封闭，防止土层因水土向四处流动；四是在可液化土层以下打水泥土桩或灰土桩。

三、基础处理的要求

一是必须随身携带地基和基础施工图纸、地质侦察报告、地基所需要的技术文件，了解施工地的实际情况；二是在准备挖地基之前，要严格按照预定的施工方案进行，对影响施工的物体或地面进行处理；三是若施工的地点在山区内，需要勘察山区边沟坡的地形构造是否影响施工，以及山区的实际土质，做好施工中滑坡坍塌水土流失等防护措施；四是在机械设备入场前，要做好便道修理平整加固工作；五是将测量的水准点、控制桩、线条做好标记并保护，且要经常复核、复测其准确性，场地有不平整的地方要及时测量平整；六是开挖时应将地质勘察文件和实际地形进行对比，及时做出调整。

四、基础处理的施工技术

（一）挖除置换法

挖除置换法是将原基础底面下一定范围内的软土层挖除，换填粗砂、砾（卵）石、灰土、水泥土等。

（二）重锤夯实法

重锤夯实法是将夯实机重锤悬放离地面 3~5m，然后让其自由下落使土壤夯实。

（三）水泥土挤密桩

在软土地基上采用水泥土挤密桩，对土层进行高强度挤压，防止塌陷，以提高承载力。

（四）振动水冲法

振动水冲法是将一个类似浇筑混凝土时用的振捣器插入土层中，在土层中进行射水振动冲击土层制造孔眼，并填入大量砂石料后振动重新排列致密，以达到加固地基的效果。

（五）围封法

防止地震时基土从两侧挤出，减轻软土地基的破坏流动，常用于水工建筑物的软基处理。

五、基础处理的注意事项

一是施工场地宽敞，保持基础平整或浅的工作面，按照施工需要，测出坐标、打好点，然后撒出一条基准白灰线，以这条基准白灰线为主撒出基槽边线，以确保整个施工顺利进行；二是对地下深水位的地基施工，要根据设计院对施工地的地质资料，与实际地质勘察情况对比之后，再进行基础施工开挖，防止地基在施工中塌落造成其他施工作业的不便；三是确保整个工程的地基强度，地基是整个施工过程的主要工序，在与地基有关的各个方面做好施工，使其最大可能达到相关要求和标准，同时还要在一定程度上保证地基施工场地的开阔，确保施工的安全和建筑的质量；四是任何材料都不是永久性的，在施工前要考虑地质，确保地质变化始终在允许的范围内，避免地质出现塌裂等情况。

基础处理是水利工程施工的重要环节，其处理效果对水利工程的整体质量有直接的影响。由于存在土质含水量高、孔隙大、承载能力弱等因素的干扰，增加了基础处理的施工难度。因此，相关人员要做好施工前的准备工作，仔细勘察地质条件，因地制宜选择最优施工方案，以提高地基稳固性及承载能力，为我国水利工程事业的可持续发展提供助力。

第四节 生态水利工程与水资源保护

虽然水是人们赖以生存的重要能源，但是，淡水资源不仅是人类世界中最为珍贵的自然资源，而且还是良性环保体系构建的重要组成部分之一，其作为一种具有战略价值的资源，是确保社会长期稳定发展的关键因素。这也进一步说明了水资源质量的优劣，对于国家文明发展程度与人民安全具有决定性的影响。就目前而言，虽然我国在社会经济发展的过程中，已经将水资源保护问题提升到战略高度，而且相关部门已经认识到保护水资源对社会经济发展的重要性，但是现实问题却是，我国水资源目前仍然面临着严重的污染问题，大多数针对水资源的保护措施并没有发挥出前期应有的作用。

一、生态水利工程

所谓的生态水利，实际上就是将生态理念与水利工程建设紧密地结合在一起，确保我国环境保护政策切实地贯彻落实到水利工程建设中。经过调查研究发现，大多数传统水利工程，在建设的过程中往往将重点放在了水利工程基本功能的发挥，以满足人们自身对水利工程的需求。作为水利工程建设的基础，却忽略了对生态环境的保护，进而导致生态环境问题日益突出，而这也是生态水利工程出现的主要原因。生态水利工程通过对传统水利工程进行优化，不仅有效地满足了人们对水利工程的基本需求，而且也实现了保持和改良生态环境的目的，确保了水利工程的可持续发展。生态水利工程在建设的过程中，施工企业必须将自然作为工程项目建设的核心理念，在充分利用水资源的同时，尽可能做到不破坏河流的原始形状。还有很多水利工程发达的地区，为了实现促进水资源利用效率的全面提升，而对河流附近的地区采取了退耕还林的方式，在尽可能恢复流域内原始地貌的基础上，根据实际地形，采取切实可行的防洪措施，才能将生态水利工程的作用充分地发挥出来。另外，在进行生态水利工程设计与规划时，必须在尽可能保留原有流域地貌的同时，将该地区内的水资源充分利用起来，才能确保生态水利工程建设与生态环境和谐发展的目标。

二、加强生态水利工程建设，促进水资源保护措施

（一）建立健全水利工程的管理体制

针对目前的水资源利用现状，国家在已经颁布和实施相关法律法规的基础上，同时设立了专职管理部门，严格地控制非法使用水资源，实现了针对水资源的有效保护。随着全球经济一体化的迅速来临，水资源保护问题已经不只是我国政府所面临的问题，而是一项世界各国都面临的重要问题。所以，根据我国现阶段的水资源利用情况，相关部门必须建立完善的水利工程管理体制，同时加强水资源管理的力度，才能在促进水资源保护效率稳步提升的同时，为水资源的可持续利用提供全面的保障。

（二）水利资源开发中保证物种共生互补

生态系统最显著的特点就是，在一定范围内物种的数量群体会保持永恒不变的状态。但是，由于水利工程建设，不仅打破了生态系统的平衡，同时也对生态系统内物种群体数量之间的平衡产生了严重的威胁。所以，在水利工程建设过程中，必须将水利工程建设与自然生态环境紧密地融合在一起，严格地按照物种共生的原则，开展水利工程建设，才能在保证生态系统稳定的基础上，满足现代水利工程建设事业发展的要求。

（三）水利资源开发中保证水土资源生态性

水资源开发过程中针对水资源的保护，必须在水利工程建设过程中，通过种植树木的方法，增强固土效果，从而达到促进水土保持效率不断提升的目的。此外，在进行水利工程建设时，施工企业必须对施工现场水文地质情况进行综合的分析，在掌握水利工程建设区域地下水分布规律和特点的基础上，降低水文地质灾害发生的概率，促进施工现场水质与土质优化水平的有效提升，为生态水利工程建设的顺利进行做好充分的准备。

（四）加大生态水利投入，支持环保工程

政府部门是水资源开发利用、治理保护、管理的主导者，所以为了确保水资源可持续

利用目标的顺利实现，政府部门必须在进一步加大公共财政支持力度的同时，建立长效投入保障机制，为水资源开发利用与保护工作的开展提供全面的支持。另外，政府部门在发展水利工程项目时，应该积极地借鉴和应用多元化投资主体的方式，引导和鼓励社会资本参与大水利工程建设中，这种多元化投资主体机制的建立，不仅营造出了良好的市场投资环境，确保了生态水利工程建设资金的充足，同时也有效地缓解了政府公共财政的压力。

（五）保证水域生态整体性

在生态水利工程建设过程中，采取整体性水域生态发展模式，有助于生态系统自我调节能力的有效提升。同时在水利工程建设过程中，充分重视与相邻水域之间的衔接，才能在有效满足水源流动性的基础上，促进生物活跃性的进一步提升，才能将生态系统所具有的分解和净化能力充分发挥出来。另外，必须建立统一的生态水利工程建设标准，才能在避免对相邻区域水质与生态环境造成破坏的基础上，促进水利工程建设区域内生态系统相互作用效果的提升。

总之，在保护水资源与水利工程建设的过程中，必须对水资源可持续发展理念的重要性予以充分的重视。同时在水资源治理过程中，采取统筹管理，优化水利工程功能的方式，才能发挥出生态水利工程在社会经济发展过程中的重要作用。

第五节　水利技术发展现状及创新

水利工程作为社会发展及国民经济高速发展的基础产业，其主要功能可以保障城乡居民基本用水需求，以及工农业的基本生产。水作为人类生命的源泉，不吃饭可以活下去，但是没有水却是无法生存的，但是现今这个时代缺水已经成为世界性的难题，因而将高科技手段用到水利管理方面，可以有效地提升水资源的问题。想要在现今的高科技时代得到认可，必须将自身的素质提升，才能拥有与时俱进的能力，更好地了解和熟悉各种高科技仪器，利用新的高科技仪器使水利工作管理手段得到提升。

一、水利管理的发展现状

（一）城市化水污染严重

随着我国经济的高速发展，城市化的进程已经越来越快，工商业也进入了快速发展阶段，农业生产也已经由传统纯手工式的劳作转变成机械化的生产方式，从而将原本从事农业的劳动力转入到了城市中，多余的劳动力在农业发展中过于注重产业的发展，忽视了对环境的维护，并且地方政府也没有给予第一时间的政策维护，因而农村的水利工程在很大程度上出现了多样化。这种不同程度的污染情况其实跟城市的高速发展、工矿企业的发展是分不开的，这是因为很多工矿企业以追求自身利益为目的，而没有想到身边的水资源被破坏对人类的生产、生活会带来什么样的后果，所以这些工矿企业在生产过程中没有提供对环境保护的措施，特别是废水、排污方面的能力还处在传统模式下，因而会导致周边人们赖以生存的水资源遭到严重的破坏。

（二）水利规划不全面

随着城市建设的不断发展壮大，城市规划中不可忽视的排水能力却不断地被忽视。城市越大，建筑越多，人口就会急速地发生膨胀，原先设计建造好的城市排水管网在发生连日大雨时，无法堪当重任，肯定会出现严重的内涝，造成严重的交通瘫痪及财产损失。

（三）城市污水处理问题

与此同时，城市排水中的污染问题也是制约经济发展的问题所在，这是因为环境监管部门严重缺乏对生态环境的管理，所以很多生产企业排放出的工业废水长期超标，在城市中由于人口的急剧增加，会造成严重的污水排放量，而这些排放出的污水量过大无法平衡，使得水资源出现了不同程度的污染，想要将这种现实性的问题解决掉，一定要通过水利管理部门采取积极主动的态度去争取，各相关政府财政部门给予相应的资金帮助，提升水利管理部门的安全监管，使其能够科学地发展，更便于水利工程的管理，通过创新的水利科技手段，确保国家水利工程的安全，水利资源的各种优势充分被利用后，可以有效地提升水利工程的经济利益。“以水为本”是科学发展需要坚持的基本观点，将水利工程的发展与环境保护合理协调，做好统筹规划，通过水利科技的创新，有效地提升国家的水利工程建设。①

二、水利技术创新的应用

（一）水利信息化技术的应用

信息化技术能够提供防汛预案，支持积极会商。水利信息化不能对行政领导提供行政决策服务是目前比较普遍的问题。为了满足水利管理部门这方面的需求，需要在信息系统中加入防汛预案，提供洪水的预警。例如当洪水达到一定的预警级别时，这样的系统就能够给出相应的预警方案，根据方案，领导在会商中做出相应的调度决策。而在决策之前系统还能对放多少洪量、对下游会有什么影响等进行模拟。这样的系统也能够将水利信息完全掌控。为了让用户更快捷地了解到水利信息情况并做出相应举措，“掌上 GIS 资讯系统”是重要的支撑。“掌上 GIS 资讯系统”可以运行在智能手机上，智能手机提供无线电话、短信、电话簿等功能；“掌上 GIS 资讯系统”还能够提供全面的行业资料查阅、电子地图、空间定位、实时信息浏览查询等功能。两者有机结合，基于“掌上 GIS 资讯系统”提供的及时、充分的水利信息，项目领导、相关负责人可以快速地进行决策。

① 葛春辉．钢筋混凝土沉井结构设计施工手册 [M]. 北京：中国建筑工业出版社，2004.

（二）RTK 技术的应用

RTK（Real-time kinematic）是实时动态测量，对于 RTK 测量来说，同 GPS 技术一样仍然是差分解算，但不同的只不过是实时的差分计算。RTK 技术在水利工程中的应用与计算机的普及，能够使传统作业模式得到革新，工作效率极大提高。RTK 是一种新的常用的 GPS 测量方法，以前的静态、快速静态、动态测量都需要事后进行解算才能获得厘米级的精度，而 RTK 是能够在野外实时得到厘米级定位精度的测量方法，它采用了载波相位动态实时差分方法，是 GPS 应用的重大里程碑。它的出现为工程放样、地形测图、各种控制测量带来了新曙光，极大地提高了外业作业效率。RTK 技术相比 GPS 技术具有明显的优势，高精度的 GPS 测量必须采用载波相位观测值，RTK 定位技术就是基于载波相位观测值的实时动态定位技术，它能够实时地提供测站点在指定坐标系中的三维定位结果，并达到厘米级精度。在 RTK 作业模式下，基准站通过数据链将其观测值和测站坐标信息一起传送给流动站。流动站不仅通过数据链接收来自基准站的数据，还要采集 GPS 观测数据，并在系统内组成差分观测值进行实时处理，同时给出厘米级定位结果，历时不足 1s。RTK 技术如何应用在水利中是一个重要的话题，在各种控制测量传统的大地测量、工程控制测量采用三角网、导线网方法来施测，不仅费工费时，要求点间通视，而且精度分布不均匀，且在外业不知精度如何，采用常规的 GPS 静态测量、快速静态、伪动态方法，在外业测设过程中不能实时知道定位精度，如果测设完成后，回到内业处理后发现精度不合要求，还必须返测；而采用 RTK 来进行控制测量，能够实时知道定位精度，如果点位精度要求满足了，用户就可以停止观测了，而且知道观测质量如何，这样可以大大提高作业效率。

RTK 技术还可以应用到地形测图中。在过去测地形图时一般首先要在测区建立图根控制点，然后在图根控制点上架上全站仪或经纬仪配合小平板测图，现在发展到外业用全站仪和电子手簿配合地物编码，利用大比例尺测图软件来进行测图，甚至发展到最近的外业电子平板测图等，都要求在测站上测四周的地貌等碎部点，这些碎部点都与测站通视，而且一般要求至少 2~3 人操作，需要在拼图时一旦精度不合要求还得到外业去返测，现在采用 RTK 时，仅需一人背着仪器在要测的地貌碎部点待一两秒钟，并同时输入特征编码，通过手簿可以实时知道点位精度，把一个区域测完后回到室内，由专业的软件接口就可以输出所要求的地形图，这样用 RTK 仅需一人操作，不要求点间通视，大大提高了工作效率。利用 RTK 进行水利工程测量不受天气、地形、通视等条件的限制，断面测量操作简单，工作效率比传统方法提高数倍，大大节省了人力。

水利工程对经济的发展和城市的建设都起到重要的作用，提高水利工程质量，就要提升水利技术及参与水利工程人员的专业素质，同样要做好水利工程的管理工作，与时俱进，敢于创新，促进水利工程的不断发展。

第六节 抓好水利工程管理确保水利工程安全

随着我国经济的发展和人口的增长，水利事业在国民经济中的命脉和基础产业地位越加突出；水利事业的地位决定了水利基础设施的重要性。因此，如何搞好水利基础设施建设项目管理，确保工程质量，促进我国经济发展是摆在我们每个水利人面前的一个重大课题。

一、强化对水利工程的管理

思想意识的先进性是发展水利的重要推动力，所以，在任何发展中，只有不断地提高自身的认识，加强自身的管理，实现工程管理效率的提升，才能在水利发展中打下坚实的基础。其次就是要加强对水利管理的认识，认真学习管理的方式方法，实现科学的管理，保证水利工程的正常运行。

二、落实好项目法人责任制

项目法人建设是我国社会主义市场经济发展的法制基础，也是完善项目工程管理，保证项目规范化开展的前提。要想实现项目法人制度的良好落实，首先要认识到法人制度的重要性，认识到建设多元化体制的必要性。其次应严格地对企业法人进行资质的审核，保证建筑工程的项目法人建设顺利开展。最后就是要严格地落实项目法人的各项资源的配置，要求相关的管理人员必须要素质高、有经验。

三、开展好建设监理工作

要想实现监理工作的有效开展，就需要不断地提高员工的职业道德，提高员工的专业知识，提高整体的综合素质。首先，可以要求监理人员从学习各种招标文件、相关的法律条例开始，知晓相关的建设监理的各项体系。其次，需要监理公司加强自身服务意识，坚持办理公平、公正、合理的原则。最后，要实现全方面的监理，转变自身的服务理念，发挥监理的优势，全面为建设服务。

四、全面实行招标投标制

经过全面的招投标服务，实现我国水利水电工程招标管理工作的标准化进行，为了实现我国的招投标服务科学化开展，需要全面建立招标制度，保证招标过程中的公平、公正、公开。同时应进一步地加大措施做好招标的保密工作，对于在招标过程中的违纪人员应该进行严厉的处分。

五、抓好水利工程管理确保水利工程安全的策略

（一）对水利工程进行造价管理，确保水利工程安全

水利工程管理中存在的职责不明及监管不严问题，会出现不同程度的贪污腐败现象，使得工程资金落不到实处。为保障水利工程的质量，确保水利工程的安全，对水利工程进行造价管理，在水利工程的设计阶段直到竣工阶段进行全过程的工程造价控制，既能保证工程项目的目标实现，又能有效地控制工程成本。利用工程造价管理，可以在工程建设各个阶段，将资金控制在批准使用范围之内，及时对出现的偏差进行纠正，使建设需要的物力、人力及财力得到合理的控制。另外，在水利建设过程中，要积极利用工程造价管理进行合同的正确管理，控制好材料认证。

（二）完善风险管理，确保水利工程安全

完善风险管理可以从加强水利工程设计审查及加强人员安全管理两个方面着手。由于设计人员的疏忽、不严谨，会使工程设计与实际需求出现较大的出入，造成资源的浪费。因此，必须在水利工程设计审查方面进行风险管理，在对工程地的气候环境以及地理环境进行调研的基础上，严格审查设计的质量。水利工程实施过程中，人员安全问题一直是重中之重，对施工人员进行安全风险管理，就要对施工设备进行定期检查，排查安全隐患；对作业人员的工作进行安全监督；同时加强保险管理。规避水利工程的无效风险、人员的安全风险，以人为本，有效地控制工程风险，解决水利工程的后顾之忧。

（三）贯彻落实招投标机制，确保水利工程安全

目前，我国水利工程的招投标机制已逐步得到规范化。工程招标能够衡量水利建设企业的质量，使水利工程得到保证。因此在水利工程项目中要贯彻落实招投标机制，要保证招标的公开性、公平性、公正性。目前一些单位为了保护地方企业，会排斥其他地区的优秀企业进行招标活动，进行暗箱操作，使工程质量得不到保障。水利项目单位要制定合理的评标方法，完善招标程序。多吸取国内外其他行业的经验，学人之长，补己之短，实现招标程序和评标方法的合理化、科学化。

（四）建立健全职责机制，确保水利工程安全

水利工程管理机制的不健全，使得管理人员抓住机制漏洞，出现越权越职，却又无法追究责任的现象。因此，建立健全职责机制，就是要明确管理单位的工作职能，明确管理人员的监督职责。管理单位要做到依法行使自已的权力，行政部门不能过分干预其业务管理。此外，将水利工程的管理与维修养护工作进行分离，对于水利工程的养护维修工作也建立一套独立的工作职责机制，将市场化机制引入其中，使水利工程养护维修工作具有法人代表。这样不仅能解决传统管理中养护维修的难题，又能提高养护水平，提高工程管理开支。

水利工程关乎民生，是国家的一项重要工程，抓好水利工程管理确保水利工程安全具有重要意义。通过对水利工程引进造价管理、完善风险管理、落实招标机制、健全职责体系等方式，能够有效地保证水利工程的安全。

第二章　土石方工程建设

第一节　土石的分类和作业

一、土石的分类

土石的种类繁多，其工程性质会直接影响土石方工程的施工方法、劳动力消耗、工程费用和保证安全的措施，应予以重视。

（一）按开挖方式分类

土石按照坚硬程度、开挖方法及使用工具，可分为松软土、普通土、坚土、砂砾坚石、软石、次坚石、坚石、特坚石等八类。

（二）按性状分类

土石按照性状亦可分为岩石、碎石土、砂土、粉土、黏性土和人工填土。

二、土石方作业

（一）土石方开挖

1. 土方开挖方式

（1）人工开挖

在我国的水利工程施工中，在一些土方量小以及不便于机械化施工的地方，用人工挖运比较普遍。挖土用铁锹、镐等工具。

人工开挖渠道时，应自中心向外，分层下挖，先深后宽，边坡处可按边坡比挖成台阶状，待挖至设计要求时，再进行削坡。应尽可能做到挖填平衡，必须弃土时，应先规划堆土区，做到先挖后倒，后挖近倒，先平后高。一般下游应先开工，并不得阻碍上游水量的排泄，以保证水流畅通。

（2）机械开挖

开挖和运输是土方工程施工的两项主要工程，承担这两个工程施工的机械是各类挖掘机械、铲运机械和运输机械。

（3）机械化施工的基本原则

①充分发挥主要机械的作业。

②挖运机械应根据工作特点配套选择。

③机械配套要有利于使用、维修和管理。

④加强维修管理工作，充分发挥机械联合作业的生产力，提高其时间利用系数。

⑤合理布置工作面，改善道路条件，减少连续运转时间。

（4）机械化施工方案选择

土石方工程量大，挖、运、填、压等多个工艺环节环环相扣，因而选择机械化施工方案通常应考虑以下原则：

①适应当地条件，保证施工质量，生产能力满足整个施工过程的要求。

②机械设备机动、灵活、高效、低耗、运行安全、耐久可靠。

③通用性强，能承担先后施工的工程项目，设备利用率高。

④机械设备要配套，各类设备均能充分发挥效率，特别应注意充分发挥主导机械的效率。

⑤应从采料工作面、回车场地、路桥等级、卸料位置、坝面条件等方面创造相适应的条件，以便充分发挥挖、运、填、压各种机械的效能。

2. 石方开挖方式

从水利工程施工的角度考虑，选择合理的开挖顺序，对加快工程进度和保障施工安全具有重要作用。

（1）开挖程序

水利水电的石方开挖，一般包括岸坡和基坑的开挖。岸坡开挖一般不受季节的限制，而基坑开挖则多在围堰的防护下施工，也是主体工程控制性的第一道工序。

（2）开挖方式

①基本要求

在开挖程序确定之后，根据岩石的条件、开挖尺寸、工程量和施工技术的要求，拟定合理的开挖方式。

②各种开挖方式的适用条件

按照破碎岩石的方法，主要有钻爆开挖和直接应用机械开挖两种施工方法。

3. 土石方开挖安全规定

土石方开挖作业的基本规定：

第一，土石方开挖施工前，应掌握必要的工程地质、水文地质、气象条件、环境因素等勘测资料，根据现场的实际情况，制订施工方案。施工中应遵循各项安全技术规程和标准，按施工方案组织施工，在施工过程中注重加强对人、机、物、料、环等因素的安全控制，保证作业人员、设备的安全。

第二，开挖过程中应注意工程地质的变化，遇到不良地质构造和存在事故隐患的部位应及时采取防范措施，并设置必要的安全围栏和警示标志。

第三，开挖程序应遵循自上而下的原则，并采取有效的安全措施。

第四，开挖过程中，应采取有效的截水、排水措施，防止地表水和地下水影响开挖作业和施工安全。

第五，应合理确定开挖边坡比，及时制订边坡支护方案。

（1）土方明挖

土方明挖的种类主要有以下几种：有边坡的挖土作业、有支撑的挖土作业、土方挖运作业、土方爆破开挖作业和土方水力开挖作业。

（2）土方暗挖

一般常用机械进行挖装、运卸作业，采用全断面隧洞掘进机开挖隧洞，在土质松软岩层中可用盾构法施工。

（3）石方明挖

除松软岩石可用松土器以凿裂法开挖外，一般需以爆破的方法进行松动、破碎。

（4）石方暗挖

石方暗挖是不对地表进行开挖的情况下（一般入口和出口有小面积的开挖），进行地下洞室、隧道的施工。该方法对地表的干扰小，具有较高的社会经济效果。

（二）土石方爆破

1. 一般规定

（1）土石方爆破工程应由具有相应爆破资质和安全生产许可证的企业承担。爆破作业人员应取得有关部门颁发的资格证书，做到持证上岗。爆破工程作业现场应由具有相应资格的技术人员负责指导施工。

（2）爆破前应对爆区周围的自然条件和环境状况进行调查，了解危及安全的不利环境因素，采取必要的安全防范措施。

（3）爆破作业环境有下列情况时，严禁进行爆破作业：

①爆破可能产生不稳定边坡、滑坡、崩塌的危险。

②爆破可能危及建（构）筑物、公共设施或人员的安全。

③恶劣天气条件下。

（4）爆破作业环境有下列情况时，不应进行爆破作业：

①药室或炮孔温度异常，而无有效针对措施。

②作业人员和设备撤离通道不安全或堵塞。

（5）装药工作应遵守下列规定：

①装药前应对药室或炮孔进行清理和验收。

②爆破装药量应根据实际地质条件和测量资料计算确定；当炮孔装药量与爆破设计量

差别较大时，应经爆破工程技术人员核算同意后方可调整。

③应使用木质或竹质炮棍装药。

④装起爆药包、起爆药柱和敏感度高的炸药时，严禁投掷或冲击。

⑤装药深度和装药长度应符合设计要求。

⑥装药现场严禁烟火和使用手机。

（6）填塞工作应遵守下列规定：

①装药后必须保证填塞质量，深孔或浅孔爆破不得采用无填塞爆破。

②不得使用石块和易燃材料填塞炮孔。

③填塞时不得破坏起爆线路；发现有填塞物卡孔应及时进行处理。

④不得用力捣固直接接触药包的填塞材料或用填塞材料冲击起爆药包。

⑤分段装药的炮孔，其间隔填塞长度应按设计要求执行。

2. 作业要求

下面将介绍浅孔爆破、深孔爆破及光面爆破或预裂爆破三种爆破方法的作业要求。

（1）浅孔爆破

①浅孔爆破宜采用台阶法爆破。在台阶形成之前进行爆破时应加大警戒范围。

②装药前应进行验孔，对于炮孔间距和深度偏差大于设计允许范围的炮孔，应由爆破技术负责人提出处理意见。

③装填的炮孔数量，应以当天一次爆破为限。

④起爆前，现场负责人应对防护体和起爆网络进行检查，并对不合格处提出整改措施。

⑤起爆后，至少 5 min 后方可进入爆破区检查。当发现问题时，应立即上报并提出处理措施。

（2）深孔爆破

①深孔爆破装药前必须进行验孔，同时应将炮孔周围（半径 0.5 m 范围内）的碎石、杂物清除干净；对孔口岩石不稳固者，应进行维护。

②有水炮孔应使用抗水爆破器材。

③装药前应对第一排各炮孔的最小抵抗线进行测定，当有比设计量小抵抗线差距较大的部位时，应采取调整药量或间隔填塞等相应的处理措施，使其符合设计要求。

④深孔爆破宜采用电爆网络或导爆管网络起爆，大规模深孔爆破应预先进行网络模拟试验。

⑤在现场分发雷管时，应认真检查雷管的段别编号，并应由有经验的爆破工和爆破工程技术人员连接起爆网络，并经现场爆破和设计负责人检查验收。

⑥装药和填塞过程中，应保护好起爆网络；当发生装药卡堵时，不得用钻杆捣捅药包。

⑦起爆后，应至少经过 15 min 并等待炮烟消散后方可进入爆破区检查。当发现问题时，应立即上报并提出处理措施。

（3）光面爆破或预裂爆破

①高陡岩石边坡应采用光面爆破或预裂爆破开挖。钻孔、装药等作业应在现场爆破工程技术人员指导监督下，由熟练爆破工操作。

②施工前应做好测量放线和钻孔定位工作，钻孔作业应做到“对位准、方向正、角度直”。

③光面爆破或预裂爆破宜采用不耦合装药，应按设计装药量、装药结构制作药串。药串加工完毕后应标明编号，并按药串编号送入相应炮孔内。

④填塞时应保护好爆破引线，填塞质量应符合设计要求。

⑤光面（预裂）爆破网络采用导爆索连接引爆时，应对裸露地表的导爆索进行覆盖，降低爆破冲击波和爆破噪声。

（三）土石方填筑

1. 土石方填筑的一般要求

（1）土石方填筑应按施工组织设计进行施工，不应危及周围建筑物的结构或施工安全，不应危及相邻设备、设施的安全运行。

（2）填筑作业时，应注意保护相邻的平面、高程控制点，防止碰撞造成移位及下沉。

（3）夜间作业时，现场应有足够照明，在危险地段设置明显的警示标志和护栏。

2. 陆上填筑应遵守下列规定

（1）用于填筑的碾压、打夯设备，应按照厂家说明书规定操作和保养，操作者应持有效的上岗证件。进行碾压、打夯时应有专人负责指挥。

（2）装载机、自卸车等机械作业现场应设专人指挥，作业范围内不应有人平土。

（3）电动机械运行，应严格执行“三级配电两级保护”和“一机、一闸、一漏、一箱”要求。

（4）人力打夯时工作人员精神应集中，动作应一致。

（5）基坑（槽）土方回填时，应先检查坑、槽壁的稳定情况，用小车卸土不应撒把，坑、槽边应设横木车挡。卸土时，坑槽内不应有人。

（6）基坑（槽）的支撑，应根据已回填的高度，按施工组织设计要求依次拆除，不应提前拆除坑、槽内的支撑。

（7）基础或管沟的混凝土、砂浆应达到一定的强度，当其不致受损坏时方可进行回填作业。

（8）已完成的填土应将表面压实，且宜做成一定的坡度以利排水。

（9）雨天不应进行填土作业。如需施工，应分段尽快完成，且宜采用碎石类土和砂土、石屑等填料。

（10）基坑回填应分层对称，防止造成一侧压力，引起不平衡，破坏基础或构筑物。

（11）管沟回填，应从管道两边同时进行填筑并夯实。填料超过管顶 0.5 m 厚时，方可用动力打夯，不宜用振动辗压实。

3. 水下填筑应遵守下列规定

（1）所有施工船舶航行、运输、驻位、停靠等应参照水下开挖中船舶相关操作规程的内容执行。

（2）水下填筑应按设计要求和施工组织设计确定施工程序。

（3）船上作业人员应穿救生衣、戴安全帽，并经过水上作业安全技术培训。

（4）为了保证抛填作业安全及抛填位置的准确率，宜选择在风力小于 3 级、浪高小于 0.5 m 的风浪条件下进行作业。

（四）土石方施工安全防护设施

1. 土石方开挖施工的安全防护设施

（1）土石方明挖施工应符合下列要求

①作业区应有足够的设备运行场地和施工人员通道。

②悬崖、陡坡、陡坎边缘应有防护围栏或明显警告标志。

③施工机械设备颜色鲜明，灯光、制动、作业信号、警示装置齐全可靠。

④凿岩钻孔宜采用湿式作业，若采用干式作业必须有捕尘装置。

⑤供钻孔用的脚手架，必须设置牢固的栏杆，开钻部位的脚手板必须铺满绑牢，架子结构应符合有关规定。

（2）在高边坡、滑坡体、基坑、深槽及重要建筑物附近开挖，应有相应可靠防止坍塌的安全防护和监测措施。

（3）在土质疏松或较深的沟、槽、坑、穴作业时，应设置可靠的挡土护栏或固壁支撑。

（4）坡高大于 5 m、小于 100 m，坡度大于 45° 的低、中、高边坡和深基坑开挖作业，应符合下列规定：

①清除设计边线外 5 m 范围内的浮石、杂物。

②修筑坡顶截水天沟。

③坡顶应设置安全防护栏或防护网，防护栏高度不得低于 2 m，护栏材料宜采用硬杂圆木或竹跳板，圆木直径不得小于 10 cm。

④坡面每下降一层台阶应进行一次清坡，对不良地质构造应采取有效的防护措施。

（5）坡高大于 100 m 的超高边坡和坡高大于 300 m 的特高边坡作业，应符合下列规定：

①边坡开挖爆破时应做好人员撤离及设备防护工作。

②边坡开挖爆破完成 20 min 后，由专业爆破工进入爆破现场进行爆后检查，存在哑炮及时处理。

③在边坡开挖面上设置人行及材料运输专用通道。在每层马道或栈桥外侧设置安全栏杆，并布设防护网及挡板。安全栏杆高度要达到 2 m 以上，采用竹夹板或木板将马道外缘或底板封闭。施工平台应专门设置安全防护围栏。

④在开挖边坡底部进行预裂孔施工时，应用竹夹板或木板做好上下立体防护。

⑤边坡各层施工部位移动式管、线应避免交叉布置。

⑥边坡施工排架在搭设及拆除前，应详细进行技术交底和安全交底。

⑦边坡开挖、甩渣、钻孔产生的粉尘浓度按规定进行控制。

（6）隧洞洞口施工应符合下列要求：

①有良好的排水措施。

②应及时清理洞脸，及时锁口。在洞脸边坡外侧应设置挡渣墙或积石槽，或在洞口设置网或木构架防护棚，其顺洞轴方向伸出洞口外长度不得小于 5 m。

③洞口以上边坡和两侧岩壁不完整时，应采用喷锚支护或混凝土永久支护等措施。

（7）洞内施工应符合下列规定：

①在松散、软弱、破碎、多水等不良地质条件下进行施工，对洞顶、洞壁应采用锚喷、预应力锚索、钢木构架或混凝土衬砌等围岩支护措施。

②在地质构造复杂、地下水丰富的危险地段和洞室关键地段，应根据围岩监测系统设计和技术要求，设置收敛计、测缝计、轴力计等监测仪器。

③进洞深度大于洞径 5 倍时，应采取机械通风措施，送风能力必须满足施工人员正常呼吸需要，并能满足冲淡、排除爆炸施工产生的烟尘需要。

④凿岩钻孔必须采用湿式作业。

⑤设有爆破后降尘喷雾洒水设施。

⑥洞内使用内燃机施工设备，应配有废气净化装置，不得使用汽油发动机施工设备。

⑦洞内地面保持平整、不积水、洞壁下边缘应设排水沟。

⑧应定期检测洞内粉尘、噪声、有毒气体。

⑨开挖支护距离：Ⅱ类围岩支护滞后开挖 10~15 m，Ⅲ类围岩支护滞后开挖 5~10 m，Ⅳ类、Ⅴ类围岩支护紧跟掌子面。

⑩相向开挖的两个工作面相距 30 m 爆破时，双方人员均需撤离工作面。相距 15 m 时，应停止一方工作。

⑪爆破作业后，应安排专人负责及时清理洞内掌子面、洞顶及周边的危石。遇到有害气体、地热、放射性物质时，必须采取专门措施并设置报警装置。

（8）斜、竖井开挖应符合下列要求：

①及时进行锁口。

②井口设有高度不低于 1.2 m 的防护围栏。围栏底部距 0.5 m 处应全封闭。

③井壁应设置人行爬梯。爬梯应锁定牢固，踏步平齐，设有拱圈和休息平台。

④施工作业面与井口应有可靠的通信装置和信号装置。

⑤井深大于 10 m 应设置通风排烟设施。

⑥施工用风、水、电管线应沿井壁固定牢固。

2. 爆破施工安全防护设施

（1）工程施工爆破作业周围 300 m 区域为危险区域，危险区域内不得有非施工生产设施。对危险区域内的生产设施设备应采取有效的防护措施。

（2）爆破危险区域边界的所有通道应设有明显的提示标志或标牌，标明规定的爆破时间和危险区域的范围。

（3）区域内设有有效的音响和视觉警示装置，使危险区内人员都能清楚地听到和看到警示信号。

3. 土石方填筑施工安全防护设施

（1）土石方填筑机械设备的灯光、制动、信号、警告装置齐全可靠。

（2）截流填筑应设置水流流速监测设施。

（3）向水下填掷石块、石笼的起重设备，必须锁定牢固，人工抛掷应有防止人员坠落的措施和应急施救措施。

（4）自卸汽车向水下抛投块石、石渣时，应与临边保持足够的安全距离，应有专人指挥车辆卸料，夜间卸料时，指挥人员应穿反光衣。

（5）作业人员应穿戴救生衣等防护用品。

（6）土石方填筑坡面碾压、夯实作业时，应设置边缘警戒线，设备、设施必须锁定牢固，工作装置应有防脱、防断措施。

（7）土石方填筑坡面整坡、砌筑应设置人行通道，双层作业设置遮挡护栏。

第二节　边坡工程施工技术

边坡工程是为满足工程需要而对自然边坡和人工边坡进行改造的工程，根据边坡对工程影响的时间差别，可分为永久边坡和临时边坡两类；根据边坡与工程的关系，可分为建、构筑物地基边坡、邻近边坡和影响较小的延伸边坡。

一、边坡稳定因素

（一）边坡稳定因素

边坡失稳坍塌的实质是边坡土体中的剪应力大于土的抗剪强度。凡能影响土体中的剪应力、内摩擦力和凝聚力的，都能影响边坡的稳定。

1. 土类别的影响

不同类别的土，其土体的内摩擦力和凝聚力不同。例如，砂土的凝聚力为零，只有内摩擦力，靠内摩擦力来保持边坡的稳定平衡；而黏性土则同时存在内摩擦力和凝聚力。因此不同的土能保持其边坡稳定的最大坡度不同。

2. 土的含水率的影响

土内含水越多，土壤之间产生润滑作用越强，内摩擦力和凝聚力降低，因而土的抗剪强度降低，边坡就越容易失稳。同时，含水率增加，使土的自重增加，裂缝中产生静水压力，增加了土体的内剪应力。

3. 气候的影响

气候使土质变软或变硬，如冬季冻融又风化，可降低土体的抗剪强度。

4. 基坑边坡上附加荷载或者外力的影响

附加荷载或者外力的影响能使土体的剪应力大大增加，甚至超过土体的抗剪强度，使边坡失去稳定而塌方。

（二）土方边坡的最陡坡度

为了防止塌方，保证施工安全，当土方达到一定深度时，边坡应做成一定的深度，土石方边坡坡度的大小和土质、开挖深度、开挖方法、边坡留置时间的长短、排水情况、附近堆积荷载有关。开挖深度越深，留置时间越长，边坡硬应设计得平缓一些，反之则可陡一些。边坡可以做成斜坡式，亦可做成踏步式。

（三）挖方直壁不加支撑的允许深度

土质均匀且地下水位低于基坑（槽）或管沟的底面标高时，其边坡可做成直立壁不加支撑，挖方深度应根据土质确定。

二、边坡支护

在基坑或者管沟开挖时，常因场地的限制不能放坡或者为了减少挖填的土石方量、工期及防止地下水渗入等要求，一般采用设置支撑和护壁的方法。

（一）边坡支护的一般要求

1. 施工支护前，应根据地质条件、结构断面尺寸、开挖工艺、围岩暴露时间等因素进行支护设计，制定详细的施工作业指导书，并向施工作业人员进行交底。

2. 施工人员作业前，应认真检查施工区的围岩稳定情况，需要时应进行安全处理。

3. 作业人员应根据施工作业指导书的要求，及时进行支护。

4. 开挖期间和每茬炮后，都应对支护进行检查维护。

5. 对不良地质地段的临时支护，应结合永久支护进行，即在不拆除或部分拆除临时支护的条件下，进行永久性支护。

6. 施工人员作业时，应佩戴防尘口罩、防护眼镜、防尘帽、安全帽、雨衣、雨裤、长筒胶靴和乳胶手套等劳保用品。

（二）锚喷支护

锚喷支护应遵守下列规定：

1. 施工前，应通过现场试验或依工程类比法，确定合理的锚喷支护参数。

2. 锚喷作业的机械设备，应布置在围岩稳定或已经支护的安全地段。

3. 喷射机、注浆器等设备，应在使用前进行安全检查，必要时应在洞外进行密封性能和耐压试验，满足安全要求后方可使用。

4. 喷射作业面，应采取综合防尘措施降低粉尘浓度，采用湿喷混凝土。有条件时，可设置防尘水幕。

5. 岩石渗水较强的地段，喷射混凝土之前应设法把渗水集中排出。喷后应钻排水孔，防止喷层脱落伤人。

6. 凡锚杆孔的直径大于设计规定的数值时，不应安装锚杆。

7. 锚喷工作结束后，应指定专人检查锚喷质量，若喷层厚度有脱落、变形等情况，应及时处理。

8. 砂浆锚杆灌注浆液时应遵守下列规定：第一，作业前应检查注浆罐、输料管、注浆管是否完好。第二，注浆罐有效容积应不小于 0.02 m³，其耐力不应小于 0.8 MPa（8 kg/cm²），使用前应进行耐压试验。第三，作业开始（或中途停止时间超过 30 min）时，应用水或 0.5~0.6 水灰比的纯水泥浆润滑注浆罐及其管路。第四，注浆工作风压应逐渐升高。第五，输料管应连接紧密、直放或大弧度拐弯不应有回折。第六，注浆罐与注浆管的操作人员应相互配合，连续进行注浆作业，罐内储料应保持在罐体容积的 1/3 左右。

9. 喷射机、注浆器、水箱、油泵等设备，应安装压力表和安全阀，使用过程中如发现破损或失灵时，应立即更换。

10. 施工期间应经常检查输料管、出料弯头、注浆管及各种管路的连接部位，如发现磨薄、击穿或连接不牢等现象，应立即处理。

11. 带式上料机及其他设备外露的转动和传动部分，应设置保护罩。

12. 施工过程中进行机械故障处理时，应停机、断电、停风；在开机送风、送电之前应预先通知有关的作业人员。

13. 作业区内严禁在喷头和注浆管前方站人；喷射作业的堵管处理，应尽量采用敲击法疏通，若采用高压风疏通时，风压不应大于 0.4 MPa（4 kg/cm²），并将输料管放直，握紧喷头，喷头不应正对有人的方向。

14. 当喷头（或注浆管）操作手与喷射机（或注浆器）操作人员不能直接联系时，应有可靠的联系手段。

15. 预应力锚索和锚杆的张拉设备应安装牢固，操作方法应符合有关规程的规定。正对锚杆或锚索孔的方向严禁站人。

16. 高度较大的作业台架安装，应牢固可靠，设置栏杆；作业人员应系安全带。

17. 竖井中的锚喷支护施工应遵守下列规定：

（1）采用溜筒运送喷混凝土的干混合料时，井口溜筒喇叭口周围应封闭严密。

（2）喷射机置于地面时，竖井内输料钢管宜用法兰联结，悬吊应垂直固定。

（3）采取措施防止机具、配件和锚杆等物件掉落伤人。

18. 喷射机应密封良好，妥善处理从喷射机排出的废气。

19. 宜适当减少锚喷操作人员连续作业时间，定期进行健康体检。

（三）构架支撑

1. 构架支撑包括木支撑、钢支撑、钢筋混凝土支撑及混合支撑，其架设应遵守下列规定：

（1）采用木支撑的应严格检查木材质量。

（2）支撑立柱应放在平整岩石面上，应挖柱窝。

（3）支撑和围岩之间，应用木板、楔块或小型混凝土预制块塞紧。

（4）危险地段，支撑应跟进开挖作业面；必要时，可采取超前固结的施工方法。

（5）预计难以拆除的支撑应采用钢支撑。

（6）支撑拆除时应有可靠的安全措施。

2. 支撑应经常检查，发现杆件破裂、倾斜、扭曲、变形及其他异常征兆时，应仔细分析原因，采取可靠措施进行处理。

第三节　坝基开挖施工技术

进行岩基开挖，通常是在充分明确坝址的工程地质资料、明确水工设计要求的基础上，结合工程的施工条件，由地质、设计、施工几方面人员一起进行研究，确定坝基的开挖深度、范围及开挖形态。如发现重大问题，应及时协商处理，修改设计，报上级审批。

一、坝基开挖的特点

在水利水电工程中坝基开挖的工程量达数万立方米，甚至达数十万、百万立方米，需要大量的机械设备（钻孔机械、土方挖运机械等）、器材、资金和劳力，工程地质复杂多变，如节理、裂隙、断层破碎带、软弱夹层和滑坡等，还受河床岩基渗流的影响和洪水的威胁，需占用相当长的工期，从开挖程序来看属多层次的立体开挖作业。因此，经济合理的坝基开挖方案及挖运组织，对安全生产和加快工程进度具有重要的意义。

二、坝基开挖的程序

岩基开挖要保证质量，加快施工进度，做到安全施工，必须要按照合理的开挖程序进行。开挖程序因各工程的情况不同而不尽统一，但一般都以人身安全为原则，遵守自上而下、先岸后坡基坑的程序进行，即按事先确定的开挖范围，从坝基轮廓线的岸坡部分开始，自上而下、分层开挖，直到坑基。

对大、中型工程来说，当采用河床内导流分期施工时，往往是先开挖围护段一侧的岸坡，或者坝头开挖与一期基坑开挖基本上同时进行，而另一岸坝头的开挖在最后一期基坑开挖前基本结束。

对中、小型工程，由于河道流量小、施工场地紧凑，常采用一次断流围堰（全段围堰）施工。一般先开挖两岸坝头，后进行河床部分基坑开挖。对于顺岩层走向的边坡、滑坡体和高陡边坡的开挖，更应按照开挖程序进行开挖。开挖前，首先要把主要地质情况弄清，对可疑部位及早开挖暴露并采取处理措施。对一些小型工程，为了赶工期也有采用岸坡、河床同时开挖的。这时由于上下分层作业，施工干扰大，应特别注意施工安全。

河槽部分采用分层开挖逐步下降的方法。为了增加开挖工作面、扩大钻孔爆破的效果、提高挖运机械的工作效率、解决开挖施工中的基坑排水问题，通常要选择合适的部位先抽槽，即开挖先锋槽。先锋槽的平面尺寸以便于人工或机械装运出渣为度，深度不大于2/3（预留基础保护层），随后就利用此槽壁作为爆破自由面，在其两侧布设有多排炮孔进行爆破扩大，依次逐层进行。当遇到断层破碎带时，应顺断层方向挖槽，以便及早查明情况，制订处理方案。抽槽的位置一般选在地形较低、排水方便及容易引入出渣运输道路的部位，也可结合水工建筑物的底部轮廓进行布置，但截水槽、齿槽部位的开挖应做专题爆破设计。尤其对基础防渗、抗滑稳定起控制作用的沟槽，更应慎重地确定其爆破参数，以防因爆破原因而对基岩产生破坏。

三、坝基开挖的深度

坝基开挖深度，通常是根据水工要求按照岩石的风化程度（强风化、弱风化、微风化和新鲜岩石）来确定的。坝基一般要求岩基的抗压强度约为最大主应力的20倍左右，高坝应坐落在新鲜微风化下限的完善基岩上，中坝应建在微风化的完整基岩上，两岸地形较高部位的坝体及低坝可建在弱风化下限的基岩上。

岩基开挖深度，并非一挖到新鲜岩石就可以达到设计要求，有时为了满足水工建筑物结构形式的要求，还需在新鲜岩石中继续下挖。如高程较低的大坝齿槽、水电站厂房的尾水管部位等，有时为了减少在新鲜岩石上的开挖深度，可提出改变上部结构形式，以减少开挖工程量。

总之，开挖深度并不是一个多挖几米少挖几米的问题，而是涉及大坝的基础是否坚实可靠、工程投资是否经济合理、工期和施工强度有无保证的大问题。

四、坝基开挖范围的确定

一般水工建筑物的平面轮廓就是岩基底部开挖的最小轮廓线。实际开挖时，由于施工排水、立模支撑、施工机械运行及道路布置等原因，常需适当扩挖，扩挖的范围视实际需要而定。

实际工程中扩挖的距离，从数米到数十米不等。

坝基开挖的范围必须充分考虑运行和施工的安全。随着开挖高程的下降，对坡（壁）面应及时测量检查，防止欠挖，并避免在形成高边坡后再进行坡面处理。开挖的边坡一定要稳定，要防止滑坡和落石伤人。如果开挖的边坡太高，可在适当的高程设置平台和马道，并修建挡渣墙和拦渣栅等相应的防护措施。近年来，随着开挖爆破技术的发展，工程中普遍采用预裂爆破来解决或改善高边坡的稳定问题。在多雨地区，应十分注意开挖区的排水问题，防止由于地表水的侵蚀，引起新的边坡失稳问题。

开挖深度和开挖范围确定之后，应绘出开挖纵、横断面及地形图，作为基础开挖施工现场布置的依据。

五、开挖的形态

重力坝坝段，为了维持坝体稳定，避免应力集中，要求开挖以后基岩面比较平整，高差不宜太大，并尽可能略向上游倾斜。

岩基岩面高差过大或向下游倾斜，宜开挖成一定宽度的平台。平台面应避免向下游倾斜，平台面的宽度及相邻平台之间的高差应与混凝土浇筑块的尺寸协调。通常在一个坝段中，平台面的宽度约为坝段宽度的 1/3 左右。在平台较陡的岸坡坝段，还应根据坝体侧向稳定的要求，在坝轴线方向也开挖成一定宽度的平台。

拱坝要径向开挖，因此岸坡地段的开挖面将会倾向下游。在这种情况下，沿径向也应设置开挖平台。拱座面的开挖，应与拱的推力方向垂直，以保证按设计要求使拱的推力传向两岸岩体。

支墩坝坝基同样要求开挖比较平整，并略向上游倾斜。支墩之间高差变大时，应该使各支墩能够坐落在各自的平台上，并在支墩之间用回填混凝土或支墩墙等结构措施加固，以维护支墩的侧向稳定。

遇有深槽或凹槽及断层破碎带情况时，应做专门的研究，一般要求挖去表面风化破碎的岩层以后，用混凝土将深槽或凹槽及断层破碎带填平，使回填的混凝土形成混凝土塞和周围的基岩一起作为坝体的基础。为了保证混凝土塞和周围基岩的结合，还可以辅以锚筋和按触灌浆等加固措施。

六、坝基开挖的深层布置

（一）坝基开挖深度

坝基开挖深度一般是根据工程设计提出的要求来确定的。在工程设计中，不同的坝高对基岩的风化程度的要求也不一样：高坝应坐落在新鲜微风化下限的完整基岩上；中坝应建在微风化的完整基岩上；两岸地形较高部位的坝体及低坝可建在弱风化下限的基岩上。

（二）坝基开挖范围

在坝基开挖时，因排水、立模、施工机械运行及施工道路布置等原因，使得开挖范围比水工建筑物的平面轮廓尺寸略大一些，岩基底部扩挖的范围应根据时间需要而定。实际工程中放宽的距离，一般数米到数十米不等。基础开挖的上部轮廓应根据边坡的稳定要求和开挖的高度而定。如果开挖的边坡太高，可在适当高程设置平台和马道，并修建挡渣墙等防护措施。

七、岩基开挖的施工

岩基开挖主要是用钻孔爆破，分层向下，留有一定保护层的方式进行开挖。

坝基爆破开挖的基本要求是保证质量，注意安全，方便施工。

保证质量，就是要求在爆破开挖过程中防止由于爆破震动影响而破坏基岩，防止产生爆破裂缝或使原有的构造裂隙有所发展；防止由于爆破震动影响而损害已经建成的建筑物或已经完工的灌浆地段。为此，对坝基的爆破开挖提出了一些特殊的要求和专门的措施。

为保证基岩岩体不受开挖区爆破的破坏，应按留足保护层（指在一定的爆破方式下，建筑物基岩面上预留的相应安全厚度）的方式进行开挖。当开挖深度较大时，可采用分层开挖。分层厚度可根据爆破方式、挖掘机械的性能等因素确定。

遇有不利的地质条件时，为防止过大震裂或滑坡等，爆破孔深和最大装药量应根据具体条件由施工、地质和设计单位共同研究，另行确定。

开挖施工前，应根据爆破对周围岩体的破坏范围及水工建筑物对基础的要求，确定垂直向和水平向保护层的厚度。

保护层以上的开挖，一般采用延长药包梯段爆破，或先进行平地抽槽毫秒起爆，创造条件再进行梯段爆破。梯段爆破应采用毫秒分段起爆，最大一段起爆药量应不大于500kg。

根据建筑物对基岩的不同要求以及混凝土不同的龄期所允许的质点振速度值（即破坏标准），规定相应的安全距离和允许装药量。

在邻近建筑物的地段（10 m以内）进行爆破时，必须根据被保护对象的允许质点振动速度值，按该工程实例的振动衰减规律严格控制浅孔火花起爆的最小装药量。当装药量控制到最低程度仍不能满足要求时，应采取打防震孔或其他防震措施解决。

在灌浆完毕地段及其附近，如因特殊情况需要爆破时，只能进行少量的浅孔火花爆破。还应对灌浆区进行爆前和爆后的对比检查，必要时还须进行一定范围的补灌。

此外，为了控制爆破的地震效应，可采用限制炸药量或静态爆破的办法。也可采用预裂防震爆破、松动爆破、光面爆破等行之有效的减震措施。

在坝基范围进行爆破和开挖时，要特别注意安全。必须遵守爆破作业的安全规程。在规定坝基爆破开挖方案时，开挖程序要以人身安全为原则，应自上而下，先按坡后河槽的顺序进行，即要按照事先确定的开挖范围，从坝基轮廓线的岸坡部分开始，自上而下，分层开挖，直到河槽，不得采用自下而上或造成岩体倒悬的开挖方式。但经过论证，局部宽敞的地方允许采用“自下而上”的方式，拱坝坝肩也允许采用“造成岩体倒悬”的方式。如果基坑范围比较集中，常有几个工种平行作业，在这种情况下，开挖比较松散的覆盖层和滑坡体，更应自上而下进行。如稍有疏忽，就可能造成生命财产的巨大损失，这是从过去一些工程中得到的经验教训，应引以为戒。

河槽部分也要分层、逐步下挖，为了增加开挖工作面，扩大钻孔爆破的效果，解决开挖施工时的基坑排水问题，通常要选择合适的部位，抽槽先进。抽槽形成后，再分层向下扩挖。抽槽的位置，一般选在地形较低、排水方便，容易引入出渣运输道路的部位，常可结合水工建筑物的底部轮廓，如截水槽、齿槽等部位进行布置。但截水槽、齿槽的开挖，应做专题爆破设计。尤其是对基础防渗、抗滑稳定起控制作用的沟槽，更应慎重地确定其爆破参数。

方便施工，就是要保证开挖工作的顺利进行，要及时做好排水工作。岸坡开挖时，要在开挖轮廓外围，挖好排水沟，将地表水引走。河槽开挖时，要配备移动方便的水泵，布量好排水沟和集水井，将基坑积水和渗水抽走。同时，还必须从施工进度安排、现场布置及各工种之间互相配合等方面来考虑，做到工种之间互相协调，使人工和设备充分发挥效率，施工现场井然有序以及开挖进度按时完成。为此，有必要根据设备条件将开挖地段分成几个作业区，每个作业区又划分为几个工作面，按开挖工序组织平行流水作业，轮流进行钻孔爆破、出渣运输等工作。在确定钻孔爆破方法时，需考虑到炸落石块粒径的大小能够与出渣运输设备的容量相适应，尽量减少和避免二次爆破的工作量。出渣运输路线一端应直接连到各层的开挖工作面的下面，另一端应和通向上、下游堆渣场的运输干线连接起来。出渣运输道路的规划应该在施工总体布置中，尽可能结合场内交通半永久性施工道路干线的要求一并考虑，以节省临时工程的投资。

基坑开挖的废渣最好能加以利用，直接运至使用地点或暂时堆放。因此，需要合理组织弃渣的堆放，充分利用开挖的土石方。这不仅可以减少弃渣占地，而且还可以节约资金，降低工程造价。

不少工程利用基坑开挖的弃渣来修筑土石副坝和围堰，或将合格的砂石料加工成混凝土骨料，做到料尽其用。另外，在施工安排有条件时，弃渣还应结合农业，改地造田充分利用。为此，必须对整个工程的土石方进行全面规划，综合平衡，做到开挖和利用相结合。通过规划平衡，计算出开挖量中的使用量及弃渣量，均应有堆存和加工场地。弃渣的堆放场地，或利用于填筑工程的位置，应有沟通这些位置的运输道路，使其构成施工平面图的一个组成部分。

弃渣场地必须认真规划，并结合当地条件做出合理布局。弃渣不得恶化河道的水流条件，或造成下游河床淤积；不得影响围堰防渗，抬高尾水和堰前水位，阻滞水流；同时，还应注意防止影响度汛安全等情况的发生。特别需要指出的是，弃渣堆放场地还应力求不占压或少占压耕地，以免影响农业生产。临时堆渣区，应规划布置在非开挖区或不干扰后续作业的部位。

近年来，在岩石坝基开挖中，国内一些工程采用了预裂爆破、扇形爆破开挖等新技术，获得了优良的开挖质量和较好的经济效应，目前正在日益广泛地推广应用。

第四节　岸坡开挖施工技术

平原河流枢纽的岩坡较低较缓，其开挖施工方法与河床开挖无大的差别。高岸坡开挖方法大体上可分为分层（梯段）开挖法、深孔爆破开挖法和辐射孔开挖法三类。

一、分层开挖法

这是应用最广泛的一种方法，即从岸坡顶部起分梯段逐层下降开挖。主要优点是施工简单，用一般机械设备可以进行施工，对爆破岩块大小和岩坡的振动影响均较容易控制。

岸坡开挖时，如果山坡较陡，修建道路很不经济或根本不可能时，则可用竖井出渣或将石渣堆于岸坡脚下，即将道路通向开挖工作面是最简单的方法。

（一）道路出渣法

岸坡开挖量大时，采用此法施工，层厚度根据地质、地形和机械设备性能确定，一般不宜大于 15 m。如岸坡较陡，也可每隔 40 m 高差布置一条主干道（即工作平台）。上层爆破石渣抛弃至工作平台或由推土机推至工作平台，进行二次转运。如岸坡陡峭，道路开挖工程量大，也要由施工隧洞通至各工作面。采用预裂爆破或光面爆破形成岸坡壁面。

（二）竖井出渣法

当岸坡陡峭无法修建道路，而航运、过木或其他原因在截流前不允许将岩渣推入河床内时，可采用竖井出渣法。

（三）抛入河床法

这是一种由上而下的分层开挖法，无道路通至开挖面，而是用推土机或其他机械将爆破石渣推入河床内，再由挖掘机装汽车运走。这种方法应用较多，但需在河床允许截流前抛填块石的情况下才能运用。这种方法的主要问题是爆破前后机械设备均需撤出或进入开挖面，很多工程都是将浇筑混凝土的缆式起重机先装好，钻机和推土机均由缆机吊运。

一些坝因河谷较窄或岸坡较陡，石渣推入河床后，不能利用沿岸的道路出渣，只好开挖隧洞至堆渣处，进行出渣。

（四）由下而上分层开挖

当岩石构造裂隙发育或地质条件等因素导致边坡难以稳定，不便采用由上而下的开挖法时，可考虑由下而上分层开挖。这种方法的优点主要是安全，混凝土浇筑时，应在上面留一定的空间，以便在上层爆破时供石渣堆积。

二、深孔爆破开挖法

高岸坡用几十米的深孔一次或二三次爆破开挖，其优点是减少爆破出渣交替所耗的时间，提高挖掘机械的时间利用率。钻孔可在前期进行，对加快工程建设有利，但深孔爆破技术复杂，很难保证钻孔的精确度，装药、爆破都需要较好的设备和措施。

三、辐射孔爆破开挖法

辐射孔爆破开挖法也是加快施工进度的一种施工方法，在矿山开采时使用较多。为了争取工期，加快坝基开挖进度，一般采用辐射孔爆破开挖法。

高岸坡开挖时，为保证下部河床工作人员与机械的安全，必须对岸坡采取防护措施。一般采用喷混凝土、锚杆和防护网等措施。喷混凝土是常用方法，不但可以防止块石掉落，对软弱易风化岩石还可起到防止风化和雨水湿化剥落的作用。锚杆用于岩石破碎或有构造裂隙可能引起大块岩体滑落的情况，以保证安全。防护网也是常用的防护措施。防护网可贴岸坡安设，也可与岸坡垂直安设。外国常用的有尼龙网、有孔的金属薄板或钢筋网，多悬吊于锚杆上。当与岸坡垂直安设时，应在相距一定高度处安设，以免高处落石击破防护网。

第三章 施工排水工程建设

第一节 施工导流

一、施工导流的基本方法

施工导流方式大体上可以分为两类：一类是分段围堰法导流，也称为河床外导流，即用围堰一次拦断全部河床，将原河道水流引向河床外的明渠或隧洞等泄水建筑物导向下游；另一类是分段围堰法，也称为河床内导流，即采用分期导流，将河床分段用围堰挡水，使原河道水流分期通过被束窄的河道或坝体底孔、缺口、隧洞、涵洞、厂房等导向下游。

（一）全段围堰法

采用全段围堰法导流方式，就是在河床主体工程的上下游各建一道拦河围堰，使河水经河床以外的临时泄水道或永久泄水建筑物下泄。主体工程建成或接近建成时，再将临时泄水道封堵。我国黄河等干流上已建成或在建的许多水利工程都采用全段围堰法的导流方式，如龙羊峡、大峡、小浪底以及拉西瓦等水利枢纽，在施工过程中均都采用河床外隧洞或明渠导流。

采用全段围堰法导流，主体工程施工过程中受水流干扰小，工作面大，有利于高速施工，上下游围堰还可以兼作两岸的交通纽带。但是，这种方法通常需要专门修建临时泄水建筑物（最好与永久建筑物相结合，综合利用），从而增加导流的工程费用，推迟主体工程开工日期，可能造成施工过于紧张。

（二）分段围堰法

采用分段围堰法导流方式，就是用围堰将水利工程施工基坑分段分期围护起来，使原河水通过被束窄的河床或主体工程中预留的底孔、缺口导向下游的施工方法。分段围堰法的施工程序是先将河床的一部分围护起来，在这里首先将河床的右半段围护起来，进行右岸第一期工程的施工，河水由左岸被束窄的河床下泄。修建第一期工程时，在建筑物内预留底孔或缺口；然后将左半段河床围护起来，进行第二期工程的施工，此时，原河水经由预留的底孔或缺口宣泄。对于临时泄水底孔，在主体工程建成或接近建成，水库需要蓄水时，要将其封堵。我国长江等流域上已建成或在建的水利工程多采用分段围堰法的导流方式，如新安江、葛洲坝及长江三峡等水利枢纽，在施工过程中均采用分段分期的方式导流。

分段围堰法一般适用于河床宽、流量大、施工期较长的工程；在通航或冰凌严重的河道上采用这种导流方式更为有利。一般情况下，与全段围堰法相比施工导流费用较低。

采用分段围堰法导流时，要因地制宜合理制定施工的分段和分期，避免由于时、段划分不合理给工程施工带来困难，延误工期；纵向围堰位置的确定，也就是河床束窄程度的选择是一个关键问题。在确定纵向围堰位置或选择河床束窄程度时，应重视下列问题：①束窄河床的流速要考虑施工通航、筏运以及围堰和河床防冲等因素，不能超过允许流速；②各段主体工程的工程量、施工强度要比较均衡；③便于布置后期导流用的泄水建筑物，不致使后期围堰尺寸或截流水力条件不合理，影响工程截流。

二、围堰

围堰是围护水工建筑物施工基坑，避免施工过程中受水流干扰而修建的临时挡水建筑物。在导流任务完成以后，如果未将围堰作为永久建筑物的一部分，当围堰的存在妨碍永久水利枢纽的正常运行时，应予以拆除。

根据施工组织设计的安排，围堰可围占一部分河床或全部拦断河床。按围堰轴线与水流方向的关系，可分为基本垂直水流方向的横向围堰及顺水流方向的纵向围堰；按围堰是否允许过水，可分为过水围堰和不过水围堰。通常围堰的基本类型是按围堰所用材料划分的。

（一）围堰的基本形式及构造

1. 土石围堰

在水利工程中，土石围堰通常是用土和石渣（或砾石）填筑而成的。由于土石围堰能充分利用当地材料，构造简单，施工方便，对地形地质条件要求低，便于加高培厚，所以应用较广。

土石围堰的上下游边坡取决于围堰高度及填土的性质。用砂土、黏土及堆石建造土石围堰，一般将堆石体放在下游，砂土和黏土放在上游以起防渗作用。堆石与土料接触带设置反滤层，反滤层最小厚度不小于 0.3 m。用沙砾土及堆石建造土石围堰，则需设置防渗体。若围堰较高、工程量较大，往往要考虑将堰体作为土石坝体的组成部分，此时，对围堰质量的要求与坝体填筑质量要求完全相同。

土石坝常用土质斜墙或心墙防渗。也有用混凝土或沥青混凝土心墙防渗，并在混凝土防渗墙上部接土工膜材料防渗。当河床覆盖层较浅时，可在挖除覆盖层后直接在基岩上浇筑混凝土心墙，但目前更多的工程则是采用直接在堰体上造孔挖槽穿过覆盖层浇筑各种类型的混凝土防渗墙。早期的堰基覆盖层多用黏土铺盖加水泥灌浆防渗。近年来，高压喷射灌浆防渗逐渐兴起，效果较好。

土围堰由各种土料填筑或水力冲填而成。按围堰结构分为均质和非均质土围堰，后者设斜墙或心墙防渗，土围堰一般不允许堰顶溢流。堰顶宽度根据堰高、构造、防汛、交通运输等要求确定，一般不小于 3 m。围堰的边坡取决于堰高、土料性质、地基条件及堰型等因素。根据不透水层埋藏深度及覆盖层具体条件，选用带铺盖的截水墙防渗或混凝土防渗墙防渗。为保证堰体稳定，土围堰的排水设施要可靠，围堰迎水面水流流速较大时，需设置块石或卵石护坡，土围堰的抗冲能力较差，通常只作横向围堰。

堆石围堰由石料填筑而成，需设置防渗斜墙或心墙，采取护面措施后堰顶可溢流。上、下游坡根据堰高、填石要求及是否溢流等条件决定。溢流的堰体则视溢流单宽流量、上下游水位差、上下游水流衔接条件及堰体结构与护坡类型而定，堰体与岸坡连结要可靠，防止接触面渗漏。在土基上建造堆石围堰时，需沿着堰基面预设反滤层。堰体者与土石坝结合，堆石质量要满足土石坝的质量要求。

2. 草土围堰

草土围堰是为避免河道水流干扰，用麦草、稻草和土作为主要材料建成的围护施工基坑的临时挡水建筑物。

我国两千多年以前，就有将草、土材料用于宁夏引黄灌溉工程及黄河堵口工程的记载，在青铜峡、八盘峡、刘家峡及盐锅峡等黄河大型水利工程中，也都先后采用过草土围堰这种筑堰型式。

草土围堰可在水流中修建，其施工方法有散草法、捆草法和端捆法，普遍采用的是捆草法。用捆草法修筑草土围堰时，先将两束直径为 0.3~0.7 m、长为 1.5~2.0 m、重约 5~7 kg 的草束用草绳扎成一捆，并使草绳留出足够的长度；然后沿河岸在拟修围堰的整个宽度范围内分层铺草捆，铺一层草捆，填一层土料（黄土、粉土、沙壤土或黏土），铺好后的土料只需人工踏实即可，每层草捆应按水深大小叠接 1/3~2/3，这样层层压放的草捆形成一个斜坡，坡角约为 35°~45°，直到高出水面 1 m 以上为止；随后在草捆层的斜坡上铺一层厚 0.20~0.30 m 的散草，再在散草上铺上一层约 0.30 m 厚的土层，这样就完成了堰体的压草、铺草和铺土工作的一个循环；连续进行以上施工过程，堰体即可不断前进，后部的堰体则渐渐沉入河底。当围堰出水后，在不影响施工进度的前提下，争取铺土打夯，把围堰逐步加高到设计高程。

3. 混凝土围堰

混凝土围堰的抗冲与抗渗能力大，挡水水头高，底宽小，易于与永久混凝土建筑物相连接，必要时还可过水，既可作横向围堰，又可作纵向围堰，因此采用得比较广泛。在国外，采用拱型混凝土围堰的工程较多。

混凝土围堰对地基要求较高，多建于岩基上。修建混凝土围堰，往往要先建临时土石围堰，并进行抽水、开挖、清基后才能修筑。混凝土围堰的型式主要有重力式和拱型两种。

当采用允许基坑淹没的导流方案时，围堰堰顶必须允许过水。如前所述，土石围堰是散粒体结构，是不允许过水的。因为土石围堰过水时，一般受到两种破坏作用：一是水流往下游坡面下泄，动能不断增加，冲刷堰体表面；二是由于过水时水流渗入堆石体所产生的渗透压力引起下游坡面同堰顶一起向深层滑动，最后导致溃堰的严重后果。因此，土石过水围堰的下游坡面及堰脚应采用可靠的加固保护措施。目前采用的有大块石护面、钢丝笼护面、加钢筋护面及混凝土板护面等，较普遍的是混凝土板护面。

（二）围堰型式的选择

围堰的基本要求：

1. 具有足够的稳定性、防渗性、抗冲性及一定的强度；

2. 造价低，工程量较少，构造简单，修建、维护及拆除方便；

3. 围堰之间的接头、围堰与岸坡的连结要安全可靠；

4. 混凝土纵向围堰的稳定与强度，需充分考虑不同导流时期，双向先后承受水压的特点。

选择围堰型式时，必须根据当地的具体条件，施工队伍的技术水平、施工经验和特长，在满足围堰基本要求的前提下，通过技术经济分析对比，加以选择。

（三）导流标准

导流建筑物级别及其设计洪水的标准称为导流标准。导流标准是确定导流设计流量的依据，而导流设计流量是选择导流方案、确定导流建筑物规模的主要设计依据。导流标准与工程所在地的水文气象特征、地质地形条件、永久建筑物类型、施工工期等直接相关，需要结合工程实际，全面综合分析其技术上的可行性和经济上的合理性，准确选择导流建筑物级别及设计洪水标准，使导流设计流量尽量符合实际施工流量，以减少风险，节约投资。

1. 导流时段的划分

在施工过程中，随着工程进展，施工导流所用的临时或永久挡水、泄水建筑物（或结构物）也在相应发生变化。导流时段就是按照导流程序划分的各施工阶段的延续时间。

水利工程在整个施工期间都存在导流问题。根据工程施工进度及各个时期的泄水条件，施工导流可以分为初期导流、中期导流和后期导流三个阶段。初期导流即围堰挡水阶段的导流。在围堰保护下，在基坑内进行抽水、开挖及主体工程施工等工作。中期导流即坝体挡水阶段的导流。此时导流泄水建筑物尚未封堵，但坝体已达拦洪高程，具备挡水条件，故改由坝体挡水。随着坝体的升高、库容加大，防洪能力也逐渐增大。后期挡水即从导流泄水建筑物封堵到大坝全面修建到设计高程时段的导流。这一阶段，永久建筑物已投入运行。

通常河流全年流量的变化具有一定的规律性。按其水文特征可分为枯水期、中水期和洪水期。在不影响主体工程施工的条件下，若导流建筑物只负担枯水期的挡水及泄水任务，显然可以大大减少导流建筑物的工程量，改善导流建筑物的工作条件，具有明显的技术经济效益。因此，合理划分导流时段，明确不同时段导流建筑物的工作状态，是既安全又经济地完成导流任务的基本要求。

2. 导流设计标准

导流设计标准是对导流设计中所采用的设计流量频率的规定。导流设计标准一般随永久建筑物级别以及导流阶段的不同而有所不同，应根据水文特性、流量过程线特性、围堰类型、永久建筑物级别、不同施工阶段库容、失事后果及影响等确定导流设计标准。总的要求是：初期导流阶段的标准可以低一些，中期和后期导流阶段的标准应逐步提高；当要求工程提前发挥效益时，相应的导流阶段的设计标准应适当提高；对于特别重要的工程或下游有重要工矿企业、交通枢纽以及城镇时，导流设计标准亦应适当提高。

（四）围堰的平面布置与堰顶高程

1. 围堰的平面位置

围堰的平面布置是一项很重要的设计任务。如果布置不当，围护基坑的面积过大，会增加排水设备容量；面积过小，会妨碍主体工程施工，影响工期，严重的话，会造成水流不畅，围堰及其基础被水冲刷，直接影响主体工程的施工安全。

根据施工导流方案、主体工程轮廓、施工对围堰的要求以及水流宣泄通畅等条件进行围堰的平面布置。全部拦断河床采用河床外导流方式，只布置上、下游横向围堰；分期导流除布置横向围堰外，还要布置纵向围堰。横向围堰一般布置在主体工程轮廓线以外，并要考虑给排水设施、交通运输、堆放材料及施工机械等留有充足的空间；纵向围堰与上、下游横向围堰共同围住基坑，以保证基坑内的工程施工。混凝土纵向围堰的一部分或全部常作为永久性建筑物的组成部分。围堰轴线的布置要力求平顺，以防止水流产生旋涡淘刷围堰基础。迎水一侧，特别是在横向围堰接头部位的坡脚，需加强抗冲保护。对于松软地基要进行渗透坡降验算，以防发生管涌破坏。纵向围堰在上、下游的延伸视冲刷条件而定，下游布置一般结合泄水条件综合予以考虑。

2. 堰顶高程

堰顶高程的确定取决于导流设计流量以及围堰的工作条件。不过水围堰的堰顶高程可按下式计算：

$$H_1=h_1+h_{b1}+\delta$$

$$H_2=h_2+h_{b2}+\delta$$

式中 H_1、H_2——上、下游围堰堰顶高程，m；

h_1、h_2——上、下游围堰处的设计洪水静水位，m；

h_{b1}、h_{b2}——上、下游围堰处的波浪爬高，m；

δ——安全超高，m。

上游设计洪水静水位取决于设计导流洪水流量及泄水能力。当利用永久性泄水建筑物导流时，若其断面尺寸及进口高程已给定，则可通过水力计算求出上游设计洪水静水位；当用临时泄水建筑物导流时，可求出不同上游设计洪水静水位时围堰与泄水建筑物的总造价，从中选出最经济的上游设计洪水静水位。

上游设计洪水静水位的具体计算方法如下。

当采用渡槽、明渠、明流式隧洞或分段围堰法的束窄河床导流时，设计洪水静水位按下式计算：

$h_1=H+h+Z$

式中 H——泄水建筑物进口底槛高程，m；

h——进口处水深，m；

Z——进口水位落差，m。

计算进口处水深，首先应判断其流态。对于缓流，应做水面曲线进行推算，但近似计算时，可采用正常水深；对于急流，可以近似采用临界水深计算。

进口水位落差 Z 可用下式计算：

$$Z=\frac{v^2}{2g\varphi^2}-\frac{v_0^2}{2g}$$

式中 v——进口内流速，m/s；

v_0——上游行进流速，m/s；

φ——考虑侧向收缩的流速系数，随紧扣形状的不同而变化，一般取 0.8~0.85；

g——重力加速度，9.81 m/s²。

当采用隧洞、涵管或底孔导流，并为压力流时，设计洪水静水位按下式计算：

$h_1=H+h$

$$h=h_p-iL+\frac{v^2}{2g}(1+\sum\xi_1+\xi_2L)-\frac{v_0^2}{2g}$$

式中 H——隧洞等进水口底槛高程，m；

h——隧洞进水前水深，m；

h_p——从隧洞出口底槛算起的下游计算水深，当出口实际水深小于洞高时，按 85% 洞高计算；

$\sum\xi_1$——局部水头损失系数总和；

ξ_2——沿程水头损失系数；

v——洞内平均流速，m/s；

i——隧洞纵向坡降；

L——隧洞长度，m。

下游围堰的设计洪水静水位，可以根据该处的水位—流量关系曲线确定。当泄水建筑物出口较远，河床较陡，水位较低时，也可能不需要下游围堰。

纵向围堰的堰顶高程，要与束窄河段宣泄导流设计流量时的水面曲线相适应。因此，纵向围堰的顶面通常做成倾斜状或阶梯状，其上、下端分别与上、下游围堰同高。

过水围堰的高程应通过技术经济比较确定。从经济角度出发，求出围堰造价与基坑淹没损失之和最小的围堰高程；从技术角度出发，对修筑一定高度过水围堰的技术水平做出可行性评价。一般过水围堰堰顶高程按静水位加波浪爬高确定，不再加安全超高。

（五）围堰的防渗、防冲

围堰的防渗和防冲是保证围堰正常工作的关键问题，对土石围堰来说尤为突出。一般土石围堰在流速超过 3.0 m/s 时，会发生冲刷现象，尤其在采用分段围堰法导流时，若围堰布置不当，在束窄河床段的进、出口和沿纵向围堰会出现严重的涡流，淘刷围堰及其基础，导致围堰失事。

土石围堰的防渗一般采用斜墙、斜墙接水平铺盖、垂直防渗墙或灌浆帷幕等措施。围堰一般需在水中修筑，因此如何保证斜墙和水平铺盖的水下施工质量是一个关键课题。大量工程实践表明，尽管斜墙和水平铺盖的水下施工难度较高，但只要施工方法选择得当，是能够保证质量的。

三、施工度汛

保护跨年度施工的水利工程，在施工期间安全度过汛期而不遭受洪水损害的措施称为施工度汛。施工度汛需根据已确定的当年度汛洪水标准，制定度汛规划及技术措施。

（一）施工度汛阶段

水利枢纽在整个施工期间都存在度汛问题，一般分为 3 个施工度汛阶段：

1. 基坑在围堰保护下进行抽水、开挖、地基处理及坝体修筑，汛期完全靠围堰挡水，叫作围堰挡水的初期导流度汛阶段；

2. 随着坝体修筑高度的增加，坝体高于围堰，从坝体可以挡水到临时导流泄水建筑物封堵这一时段，叫作大坝挡水的中期导流度汛阶段；

3. 从临时导流泄水建筑物封堵到水利枢纽基本建成，永久建筑物具备设计泄洪能力，工程开始发挥效益这一时段，叫作施工蓄水期的后期导流度汛阶段。施工度汛阶段的划分与前面提到的施工导流阶段是完全吻合的。

（二）施工度汛标准

不同的施工度汛阶段有不同的施工度汛标准。根据水文特征、流量过程线特征、围堰类型、永久性建筑物级别、不同施工阶段库容、失事后果及影响等制定施工度汛标准。特别是在重要的城市或下游有重要工矿企业、交通设施及城镇时，施工度汛标准可适当提高。由于导流泄水建筑物泄洪能力远不及原河道的泄流能力，如果汛期洪水大于建筑物泄洪能力时，必有一部分水量经过水库调节，虽然使下泄流量得到削减，但却抬高了坝体上游水位。确定坝体挡水或拦洪高程时，要根据规定的拦洪标准，通过调洪演算，求得相应最大下泄量及水库最高水位再加上安全超高，便得到当年的坝体拦洪高程。

（三）围堰及坝体挡水度汛

由于土石围堰或土石坝一般不允许堰（坝）体过水，因此这类建筑物是施工度汛研究的重点和难点。

1. 围堰挡水度汛

截流后，应严格掌握施工进度，保证围堰在汛前达到拦洪度汛高程。若因围堰土石方量太大，汛前难以达到度汛要求的高程时，则需要采取临时度汛措施，如设计临时挡水度汛断面，并满足安全超高、稳定、防渗及顶部宽度能适应抢险子堰等要求。临时断面的边坡必要时应做适当防护，避免坡面受地表径流冲刷。在堆石围堰中，则可用大块石、钢筋笼、混凝土盖面、喷射混凝土层、顶面和坡面钢筋网以及伸入堰体内水平钢筋系统等加固保护措施过水。若围堰是以后挡水坝体的一部分，则其度汛标准应参照永久建筑物施工过程中的度汛标准，其施工质量应满足坝体填筑质量的要求。

2. 坝体挡水度汛

在水利水电枢纽施工过程中，中、后期的施工导流，往往需要由坝体挡水或拦洪。例如在主体工程为混凝土坝的枢纽中，若采用两段两期围堰法导流，在第二期围堰放弃时，未完建的混凝土建筑物，就不仅要担负宣泄导流设计流量的任务，而且还要起一定的挡水作用。又如主体工程为土坝或堆石坝的枢纽时，若采用全段围堰隧洞或明渠导流，则在河床断流以后，常常要求在汛期到来以前，将坝体填筑到拦洪高程，以保证坝身能安全度汛。此时由于主体建筑物已开始投入运用，水库已拦蓄一定水量，此时的导流标与临时建筑物挡水时应有所不同。一般坝体挡水或拦洪时的导流标准，视坝型和拦洪库容的大小而定。

度汛措施一般根据所采用的导流方式、坝体能否溢流及施工强度而定。

当采用全段围堰时，对土石坝采用围堰拦洪，围堰必定很宽而不经济，故应将上游围堰作为坝体的一部分。如果用坝体拦洪而施工强度太大，则可采用度汛临时断面进行施工。如果采用度汛临时断面仍不能在汛前达到拦洪高程，则需降低溢洪道底槛高程，或开挖临时溢洪道，或增设泄洪隧洞等以降低拦洪水位，也可以将坝基处理和坝体填筑分别在两个枯水期内完成。

四、蓄水计划与封堵技术

在施工后期，当坝体已修筑到拦洪高程以上，能够发挥挡水作用时，其他工程项目如混凝土坝已完成了基础灌浆和坝体纵缝灌浆，库区清理、水库坍岸和渗漏处理已经完成，建筑物质量和闸门设施等也均经检验合格。这时，整个工程就进入了所谓的完建期。根据发电、灌溉及航运等国民经济各部门所提出的综合要求，应确定竣工运用日期，有计划地进行导流用临时泄水建筑物的封堵和水库的蓄水工作。

（一）蓄水计划

水库的蓄水与导流用临时泄水建筑物的封堵有密切关系，只有将导流用临时泄水建筑物封堵后，才有可能进行水库蓄水。因此，必须制定一个积极可靠的蓄水计划，既能保证发电、灌溉及航运等国民经济各部门所提出的要求，如期发挥工程效益，又能力争在比较有利的条件下封堵导流用的临时泄水建筑物，使封堵工作得以顺利进行。

水库蓄水解决两个问题，一是制定蓄水历时计划，并据此确定水库开始蓄水的日期，即导流用临时泄水建筑物的封堵日期。水库蓄水一般按保证率为 75%~85% 的月平均流量过程线来制定。可以从发电、灌溉及航运等国民经济各部门所提出的运用期限和水位要求，反推出水库开始蓄水的日期。具体做法一是根据各月的来水量减去下游要求的供水量，得出各月份留蓄在水库的水量，将这些水量依次累计，对照水库容积与水位关系曲线，就可绘制水库蓄水高程与历时关系曲线；二是校核水库水位上升过程中大坝施工的安全性，并据此拟定大坝浇筑的控制性进度计划和坝体纵缝灌浆进程。大坝施工安全的校核洪水标准，通常选用 20 年一遇的月平均流量。核算时，以导流用临时泄水建筑物的封堵日期为起点，按选定的洪水标准的月平均流量过程线，用顺推法绘制水库蓄水过程线。

（二）封堵技术

导流用临时泄水建筑物封堵下闸的设计流量，应根据河流的水文特征及封堵条件，选用封堵期 5~10 年一遇的月或旬平均流量。封堵工程施工阶段的导流标准，可根据工程的重要性、失事后果等因素在该时段 5%~20% 重现期范围内选取。

导流用的泄水建筑物，如隧洞、涵管及底孔等，若不与永久建筑物相结合，在蓄水时都要进行封堵。由于具体工程施工条件和技术特点不同，封堵方法也多种多样。过去多采用金属闸门或钢筋混凝土叠梁：金属闸门耗费钢材；钢筋混凝土叠梁比较笨重，大都需用大型起重运输设备，而且还需要一些预埋件，这对争取迅速完成封堵工作不利。近年来有些工程也采用了一些简易可行的封堵方法，如利用定向爆破技术快速修筑拟封堵建筑物进口围堰，再浇筑混凝土封堵；或现场浇筑钢筋混凝土闸门；或现场预制钢筋混凝土闸门，再起吊下放封堵等。

导流用底孔一般为坝体的一部分，因此，封堵时需要全孔堵死。而导流用的隧洞或涵管则并不需要全洞堵死，常浇筑一定长度的混凝土塞，就足以起永久挡水作用。混凝土塞的最小长度可根据极限平衡条件由下式求出：

$$l = \frac{KP}{\omega\gamma gf + \lambda c}$$

式中 K——安全系数，一般取 1.1~1.3；

P——作用水头的推力，N；

ω——导流隧洞或涵管的截面面积，m^2；

γ—混凝土重度，kg/m^3；

f——混凝土与岩石（或混凝土接触面）的黏接力，一般取 0.60~0.65；

c——混凝土与岩石（或混凝土接触面）的摩阻系数，一般取（5~20）104 Pa；

λ——导流隧洞或涵管的周长，m；

g——重力加速度，m/s^2。

此外，当导流隧洞的断面面积较大时，混凝土塞的浇筑必须考虑降温措施，不然产生的温度裂缝会影响其止水质量。在堵塞导流底孔时，深水堵漏问题也应予以重视。不少工程在封堵的关键时刻，漏水不止，使封堵施工出现紧张和被动局面。

五、导流方案的选择

一个水利水电工程的施工，从开工到完建往往不是采用单一的导流方法，而是几种导流方法组合起来配合使用的，以取得最佳的技术经济效益。整个施工期间各个时段导流方式的组合，通常就称为导流方案。

（一）导流方案选择

导流方案的选择，受各种因素的影响。一个合理的导流方案，必须在周密地研究各种影响因素的基础上，拟定几个可能的方案，进行技术经济比较，从中选择技术经济指标优越的方案。

选择导流方案时应考虑以下主要因素。

1. 水文条件

河流的流量大小、水位变化的幅度、全年流量的变化情况、枯水期的长短、汛期洪水的延续时间、冬季的流冰及冰冻情况等，均直接影响导流方案的选择。一般来说，对于河床宽、流量大的河流，宜采用分段围堰法导流。对于水位变化幅度大的山区河流，可采用允许基坑淹没的导流方法，在一定时期内通过过水围堰和淹没基坑来宣泄洪峰流量。对于枯水期较长的河流，充分利用枯水期安排工程施工是完全必要的。但对于枯水期不长的河流，如果不利用洪水期进行施工，就会拖延工期。对于流冰的河流应充分注意流冰的宣泄问题，以免凌汛期流冰壅塞，影响泄流，造成导流建筑物失事。

2. 地形条件

坝区附近的地形条件，对导流方案的选择影响很大。对于河床宽阔的河流，尤其在施工期间有通航、过筏要求的河道，宜采用分段围堰法导流。当河床中有天然石岛或沙洲时，采用分段围堰法导流有利于导流围堰的布置，尤其利于纵向围堰的布置。例如，黄河三门峡水利枢纽的施工导流，就曾巧妙地利用了黄河激流中的人门岛、神门岛及其他石岛来布置一期围堰，取得了良好的技术经济效果。长江三峡水利枢纽的围堰布置亦是利用了河床右侧的中堡岛。在河段狭窄、两岸陡峻、山岩坚实的地区，宜采用隧洞导流。至于平原河道，河流的两岸或一岸比较平坦，或有河湾、老河道可以利用时，则宜采用明渠导流。

3. 工程地质及水文地质条件

河流两岸及河床的地质条件对导流方案的选择与导流建筑物的布置有直接影响。若河流两岸或一岸岩石坚硬、风化层薄，且有足够的抗压强度时，则有利于选用隧洞导流。如果岩石的风化层厚且破碎，或有较厚的沉积滩地，则适合采用明渠导流。当采用分段围堰法导流时，由于河床的束窄，减小了过水断面的面积，使水流流速增大。这时，为了使河床不遭受过大的冲刷，避免把围堰基础淘空，应根据河床的地质条件来决定河床可能束窄的程度。对于岩石河床，抗冲刷能力较强，河床允许束窄程度较大，甚至可达到88%，甚至流速增加到7.5 m/s。但对覆盖层较厚的河床，抗冲刷能力较差，其束窄程度都不到30%，流速仅允许达到3.0 m/s。此外选择围堰型式时，基坑是否允许淹没；是否能利用当地材料修筑围堰等，也都与地质条件有关。水文地质条件则对基坑排水工作和围堰型式的选择有很大关系。因此，为了更好地进行导流方案的选择，要对地质和水文地质勘测工作提出专门要求。

4. 水工建筑物的型式及布置

水工建筑物的型式和布置与导流方案相互影响，因此在决定建筑物的型式和枢纽布置时，应该同时考虑并拟定导流方案；而在选定导流方案时，又应该充分利用建筑物型式和枢纽布置方面的特点。如果枢纽组成中有隧洞、渠道、涵管、泄水孔等永久性泄水建筑物时，在选择导流方案时应该尽可能加以利用。在设计永久性泄水建筑物的断面尺寸并拟定其布置方案时，应该充分考虑施工导流的要求。如果采用分段围堰法修建混凝土坝，应当充分利用水电站与混凝土坝之间或混凝土坝溢流段和非溢流段之间的隔墙作为纵向围堰的一部分，以降低导流建筑物的造价，而且对于第一期工程所修建的混凝土坝，应该核算它是否能够布置二期工程导流构筑物（如底孔、预留缺口等）。黄河三门峡水利枢纽溢流坝段的宽度，主要就是由二期导流条件控制的。与此同时，为了防止河床冲刷过大，还应核算河床的束窄程度，保证有足够的过水断面来宣泄施工流量。就挡水建筑物的型式来说，土坝、土石混合坝和堆石坝的抗冲能力小，除采用特殊措施外，一般不允许从坝体过水，所以多利用坝体以外的泄水建筑物如隧洞、明渠等或坝体范围内的涵管来导流。这种情况下，通常要求在一个枯水期内将坝体抢筑到拦洪高程以上，以免水流没顶，发生事故。至于混凝土坝，特别是混凝土重力坝，由于抗冲能力较强，允许流速可达25 m/s，所以不但可以通过底孔泄流，而且还可以通过未完建的坝体过水，大大增加了导流方案选择的灵活性。

5. 施工期间河流的综合利用

施工期间，为了满足通航、筏运、渔业、供水、灌溉以及水电站运转等需求，导流方案的选择比较复杂。如前所述，在通航河流上，大都采用分段围堰法导流。要求河流在束窄以后，河宽仍能便于船只的通行，水深、流速等也要满足通航能力的要求，束窄断面的水深应与船只吃水深度相适应，最大流速一般不得超过2.0 m/s；遇到特殊情况时，还需与当地航运部门协商研究确定。对于浮运木筏或散材的河流，在施工导流期间要避免木材堵塞泄水建筑物的进口，或者壅塞已束窄的河床导流段。在施工中后期，水库拦洪蓄水时，要注意满足下游供水、灌溉用水和水电站运行的要求。有时为了保证渔业需求，还要修建临时过鱼设施，以便鱼群能正常地洄游。

6. 施工进度、施工方法及施工场地布置

水利水电工程的施工进度与导流方案密切相关，通常是根据导流方案才能安排控制性施工进度计划。在水利水电枢纽施工导流的过程中，对施工进度起控制作用的关键性时段主要有导流建筑物的完工期限，截断向床水流的时间，坝体拦洪的期限，封堵临时泄水建筑物的时间以及水库蓄水发电的时间等。各项工程的施工方法和施工进度直接影响各时段导流工作的正常进行，后续工程也无法正常施工。例如修建混凝土坝，采用分段围堰法施工时，若导流底孔没有建成就不能截断河床水流并全面修建第二期围堰；若坝体没有达到一定高程且未完成基础及坝身纵缝灌浆以前，就不能封堵底孔，水库便无法按计划正常蓄水。因此，施工方法、施工进度与导流方案三者是密切相关的。

此外，施工场地的布置亦影响导流方案的选择。例如，在混凝土坝施工中，当混凝土生产系统布置在河流一岸时，以采用全段围堰法导流为宜；若采用分段围堰法导流，则应以混凝土生产系统所在的一岸作为第一期工程，避免出现跨越两岸的交通运输问题。

除了综合考虑以上各方面因素以外，在选择导流方案时，还应使主体工程尽早发挥效益，以简化导流程序，降低导流费用，使导流建筑物既简单易行，又安全可靠。

（二）控制性施工进度

根据规定的工期和选定的导流方案，施工的过程中会要求各项工程在某时期（如截流前、汛前、下闸或底孔封堵前）必须完成或达到某种程度。依此编制的施工进度表就是控制性施工进度。

绘制控制性施工进度表时，首先应按导流方案在图上标出各导流时段的导流方式和几个起控制作用的日期（如截流、拦洪度汛、下闸或封堵导流泄水建筑物等的日期），然后再确定在这些日期之前各项工程应完成的进度，最后经施工强度论证，制定出各项工程实际最佳进度，并绘制在图表中。

第二节　施工现场排水

一、路基开挖施工排水方案的选择

地下水在水位压力差的作用下会不断地渗流入开挖基坑，在开挖过程中，如果未能及时快速地处理好基坑降排水的问题，就会直接导致路基被浸，现场施工条件就会变差，地基承载力就会随之下降，继而在动水压力作用下极有可能引起流砂、管涌和边坡失稳等现象出现，最终导致工程事故。

（一）基坑排水的作用

一是及时排走雨水；二是能够有组织有顺序地排走不断渗出的地下水，防止水位上涨，导致边坡坡角的土质软化，严重影响边坡的稳定性。基坑底板防水施工与排水之间是有非常紧密的联系的，是利用明沟、盲沟、集水井等设施对基坑排水系统的建立与完善，施工时候利用重力降水方法，可使饱和水分从垫层下土层中渗透出来，形成明水，并尽快排走，减少水分通过毛细作用的蒸发，改善垫层含水率，尽可能满足防水层干燥的施工条件。排水沟的沟壁必须平整密实，沟内不留松土，沟底部一定要平顺，如果遇有洞穴，则可以采用填平夯实的方法进行施工，使工程施工现场排水畅通，各类排水设施要注意进出口的衔接，以确保排水畅通与工程质量。

（二）基坑排水的选择

根据现场的勘测和现场的条件，选择明式排水沟比较合理。排水明沟设在距离底板外边沿至基坑坡角 1~1.5m 的位置，明沟应有一定坡度（大于 0.5%），便于积水的流通。明沟末端设置在地势低处或者河沟。

1. 雨季施工的排水设置的管理及明式排水沟截面的选择

雨季施工安排主要指三月至八月。截水沟、边沟等排水设施应尽早安排施工，尽早完善临时、路基排水系统，保持现场排水的通畅，保证作业现场不积水、不漫流，并备齐必要的防水器材。在雨季来临前夕，备足施工时所需的材料，防止因雨水的原因导致进料困难引起停工。做好与当地气象部门的联系，注意防水、防洪。

当出现强降雨时，施工现场的积水通过明式排水沟排出，如果明式排水沟截面过小就会引起施工现场排水不净，导致地基浸泡，发生软地基效应，因此，排水沟截面的设置要以最大的强降雨量的排水能力来计算。

2. 截水沟的设置

如果汇水面积较大是在路基挖方上侧山坡时，可在挖方坡角口以上 5m 处设置截水沟。截水沟水流不引入边沟，截水沟长度设置在 500m 以下，截水沟长度超过 500m 时，选择在两山间或者地势比较低处等合适的地点设出水口，将水引至山坡侧的自然沟中。

二、挖孔桩开挖排水

在施工开挖过程中，如果遇到一般性的路基渗水，可边开挖边用抽水泵抽水，同时进行；当遇到潜水层时，可采用将潜水层用水泥砂浆压灌卵石环圈进行封闭处理。其最有效的施工顺序为：

1. 先用泵将孔内水排尽，把潜水孔壁周围开挖出来，再在孔壁设计半径外开挖环形槽；

2. 在孔底干铺 20cm 厚的卵石层，其上安装铺设高度大于潜水层厚 5mm 的钢板圈，其内径等于桩径，在钢板圈内卵石层上设置两根直径 25mm 的压浆管，其中一根压浆管用作备用（当另一根压浆管用于堵塞时），焊接一钢板在压浆管埋入混凝土顶盖处，以利定位和防止压入水泥浆沿管壁上流；

3. 在钢板的隔离圈和孔壁之间充填一些卵石，此处结构的孔隙率要达到 40% 左右：

4. 在施工时，为了便于继续土石方开挖，也为了省料、省工、省时，可将装泥麻包填充在隔离圈内，要求填充密实，减少孔隙；

5. 灌注水下混凝土顶盖，混凝土等级 C10，厚度 50cm；

6. 压浆，为了节省水泥，可先压其中的泥浆，用泥浆填充钢板圈内的孔隙，然后次压纯水泥浆，这样其流动性好，可以填充较小的孔隙，最后压水泥砂浆，其配合质量比为 1：1，砂浆中可适当地掺入早强剂，以稠度控制各种压浆，用砂浆流动测定器来测定砂浆的稠度，以 s 计算，泥浆的稠度一般要求 2~6s，水泥浆和水泥砂浆的稠度一般要求在 2~10s，压浆机具采用灌浆机，压力 0.3~0.4Mpa；

7. 封闭完成 48 小时后将水抽尽，水位不再上升，用风镐将混凝土顶盖凿掉孔径范围内部分，并调出装泥麻包，拆除钢板圈，继续进行开挖。

三、临时排水和永久性排水的关系

临时排水和永久性排水工程相结合，使施工现场工地有一个完善的排水系统。首先在施工现场的路堤两侧开挖临时的排水沟，以保证水能顺利地排出，临时排水管设置在自然地形低洼处，用原地面纵、横两个方向来形成排水网络。同时先期施工涵洞、排水沟、截水沟砌石工程和部分挡墙、边沟，以利于路基土石方施工。路基开挖和路堤填筑，纵横向都要形成一定的排水坡度，当天铺筑的层面必须全部压实完毕，使其填筑面和开挖面都不致遭遇雨积水，而发生水浸路堤的情况。

第三节　基坑排水

围堰建好后，为了尽快创造干地施工条件，需要将基坑内的积水及施工过程中的渗水、降水排到基坑以外。按排水时间和性质，可分为初期排水和经常性排水；按排水方法可分为明式排水（排水沟排水）和人工降低地下水位（暗式排水）。

一、初期排水

基坑开挖前的初期排水，包括排除围堰完成后的基坑积水和基坑积水排除过程中围堰及基坑的渗水、降水的排除。

初期排水通常采用离心式水泵抽水。抽水时，基坑水位的允许下降速度要视围堰型式、地基特性及基坑内的水深而定。水位下降太快，则围堰或基坑边坡中动水压力变化过大，容易引起塌坡；水位下降太慢，则影响基坑开挖时间。因此，一般水位下降速度限制在 0.5~1.0 m/ 昼夜以内，土围堰应小于 0.5 m/ 昼夜；木笼及板桩围堰应小于 1.0 m/ 昼夜。

根据初期排水流量可确定所需排水设备的容量，并应妥善布置水泵站，以免由于水泵站布置不当降低排水效果，影响其他工作，甚至被迫中途转移，造成人力、物力及时间上的浪费。一般初期排水可采用固定或浮动的水泵站。当水泵的吸水高度足够时，水泵站可布置在围堰上。水泵的出水管口最好放置于水面以下，可利用虹吸作用减轻水泵的工作。

二、经常性排水

基坑开挖及建筑物施工过程中的经常性排水，包括围堰和基坑渗水、降水、地基岩石冲洗与混凝土养护用废水等的排除。

（一）明式排水

1. 基坑开挖过程中的排水系统布置

基坑开挖过程中布置排水系统，应以不妨碍开挖和运输工作为原则，一般将排水干沟布置在基坑中部，以利两侧出土，随着基坑开挖工作的进展，应逐渐加深排水沟，通常保持干沟深度为 1.0~1.5 m，支沟深度为 0.3~0.5 m。集水井底部应低于干沟的沟底。

2. 基坑开挖完成后修建建筑物时的排水系统布置

修建建筑物时的排水系统，通常布置在基坑四周。排水沟、集水井应布置在建筑物轮廓线外侧，且距离基坑边坡坡脚 0.3~0.5 m。排水沟的断面尺寸和底坡大小，取决于排水量的大小。集水井应布置在建筑物轮廓线以外较低的地方，与建筑物外缘的距离必须大于井的深度。井的容积至少要能保证水泵停工 10~15 min，而由排水沟流入井中的水量不致浸溢。

（二）人工降低地下水位

经常性排水过程中，常需多次变换排水沟、水泵站的高程和位置，以免影响开挖。同时，开挖细砂土、沙壤土一类的地基时，随着基坑底面下降，地下水渗透压力增大，又易发生边坡塌滑，产生流砂和管涌，给施工带来较大困难。为避免上述缺点，可采用人工降低地下水位的方法。根据排水工作原理，人工降低地下水位的方法有管井法和井点法两种。

1. 管井法排水

管井法排水，是在基坑周围布置一些单独工作的管井，地下水在重力作用下流入井中，用抽水设备将水抽走。管井按材料分有木管井、钢管井、预制无砂混凝土管井，工程中常用后两种。管井埋设主要采用水力冲填法和钻井法。埋设时要先下套管后下井管。井管下设妥当后，再一边下反滤填料，一边起拔套管。

在要求降低地下水位较大的深井中抽水时，最好采用专用的离心式深井水泵。深井水泵一般适用深度大于 20 m 的深井，排水效果好，需要井数少。

采用管井法降低地下水位，可大大减少基坑开挖的工程量，提高挖土工效，降低造价，缩短工期。

2. 轻型井点排水

轻型井点是一个由井管、集水总管、普通离心式水泵、真空泵和集水箱等组成的排水系统。

轻型井点系统的井管直径为 38~50 mm，地下水从井管下端的滤水管凭借真空泵和水泵的抽吸作用流入管内，汇入集水总管，流入集水箱，由水泵排出。

井点系统排水时，地下水位的下降深度，取决于集水箱内的真空度与管路的漏气和水力损失，一般下降深度为 3~5 m。

井管安设时，一般用射水法下沉。在距孔口 1.0 m 范围内，需填塞黏土密封，井管与总管的连接也应注意密封，以防漏气。排水工作完成后，可利用杠杆将井管拔出。

第四节　施工排水安全防护

一、施工导流

（一）围堰

1. 在施工作业前，对施工人员与作业人员进行安全技术交底，每班召开班前五分钟和危险预知活动，让作业人员明了施工作业程序和施工过程存在的危险因素，作业人员在施工过程中，设置专人进行监护，督促人员按要求正确佩戴劳动防护用品，杜绝不规范工作行为的发生。

2. 施工作业前，要求对作业人员进行检查，当天身体状态不佳的人员以及个人穿戴不规范（未按正确方式佩戴必需的劳保用品）的人员，不得进行作业；对高处作业人员定期进行健康检查，对患有不适宜高处作业的病人不准进行高处作业。

3. 杜绝非专业电工私拉乱扯电线，施工前要认真检查用电线路，发现问题时要有专业电工及时处理。

4. 施工设备、车辆由专人驾驶，且从事机械驾驶的操作工人必须进行严格培训，经考核合格后方可持证上岗。

5. 施工人员必须熟知本工种的安全操作规程，进入施工现场，必须正确使用个人防护用品，严格遵守“三必须”“五不准”，严格执行安全防范措施，不违章操作，不违章指挥，不违反劳动纪律。

6. 机械在危险地段作业时，必须设明显的安全警告标志，并应设专人站在操作人员能看清的地方指挥。驾机人员只能接受指挥人员发出的规定信号。

7. 配合机械作业的清底、平地、修坡等辅助工作应与机械作业交替进行。机上、机下人员必须密切配合，协同作业。当必须在机械作业范围内同时进行辅助工作时，应停止机械运转后，辅助人员方可进入。

8. 施工中遇有土体不稳、发生坍塌、水位暴涨、山洪暴发或在爆破警戒区内听到爆破信号时，应立即停工，人机撤至安全地点。当工作场地发生交通堵塞，地面出现陷车（机），机械运行道路发生打滑，防护设施毁坏失效，或工作面不足以保证安全作业时，亦应暂停施工，待恢复正常后方可继续施工。

（二）截流

1. 截流过程中的抛填材料开采、加工、堆放和运输等土建作业安全应符合现行的有关规定。

2. 在截流施工现场，应划出重点安全区域，并设专人警戒。

3. 截流期间，应对工作区域内进行交通管制。

4. 施工车辆与戗堤边缘的安全距离不应小于 2.0 m。

5. 施工车辆应进行编号。现场施工作业人员应佩戴安全标识，并穿戴救生衣。

（三）度汛

1. 项目法人应根据工程情况和工程度汛的需要，组织制定工程度汛方案和超标准洪水应急预案，报给管辖权的防汛指挥机构批准或备案。

2. 度汛方案应包括防汛度汛指挥机构设置，度汛工程形象，汛期施工情况，防汛度汛工作重点，人员、设备、物资准备和安全度汛措施，以及雨情、水情、汛情的获取方式和通信保障方式等内容。防汛度汛指挥机构应由项目法人、监理单位、施工单位、设计单位的主要负责人组成。

3. 超标准洪水应急预案应包括超标准洪水可能导致的险情预测、应急抢险指挥机构设置、应急抢险措施、应急队伍准备及应急演练等内容。

4. 项目法人应和有关参建单位签订安全度汛目标责任书，明确各参建单位防汛度汛的责任。

5. 施工单位应根据批准的度汛方案和超标准洪水应急预案，制定防汛度汛及抢险措施，报项目法人批准，并按批准的措施落实防汛抢险队伍和防汛器材、设备等物资准备工作，做好汛期值班，保证汛情、工情、险情信息渠道畅通。

6. 项目法人在汛前应组织有关参建单位，对生活、办公、施工区域内进行全面检查，对围堰、子堤、人员聚集区等重点防洪度汛部位和有可能诱发山体滑坡、垮塌和泥石流等灾害的区域、施工作业点进行安全评估，制定和落实防范措施。

7. 项目法人应建立汛期值班和检查制度，建立接收和发布气象信息的工作机制，保证汛情、工情、险情信息渠道畅通。

8. 项目法人每年应至少组织一次防汛应急演练。

9. 施工单位应落实汛期值班制度，开展防洪度汛专项安全，检查及时整改发现的问题。

（四）蓄水

1. 基础稳固。

2. 墙体牢固，不漏水。

3. 有良好的排污清理设施。

4. 在寒冷地区应有防冻措施。

5. 水池上有人行通道并设安全防护装置。

6. 生活专用水池须加设防污染顶盖。

二、施工现场排水

1. 施工区域排水系统应进行规划设计，并应按照工程规模、排水时段，以及工程所在地的气象、地形、地质、降水量等情况，确定相应的设计标准，作为施工排水规划设计的基本依据。

2. 应考虑施工场地的排水量、外界的渗水量和降水量，配备相应的排水设施和备用设备。施工排水系统的设备、设施等安装完成后，应分别按相关规定逐一进行检查验收，合格后方可投入使用。

3. 排水系统设备供电应有独立的动力电源（尤其是洞内排水），必要时应有备用电源。

4 排水系统的电气、机械设备应定期进行检查维护、保养。排水沟、集水井等设施应经常进行清淤与维护，排水系统应保持畅通。

5. 在现场周围地段应修设临时或永久性的排水沟、防洪沟或挡水堤，山坡地段应在坡顶或坡脚设环形防洪沟或截水沟，以拦截附近坡面的雨水、潜水，防止排入施工区域内。

6. 现场内外原有自然排水系统尽可能保留或适当加以整修、疏导、改造或根据需要增设少量排水沟，以利排泄现场积水、雨水和地表滞水。

7. 在有条件时，尽可能利用正式工程排水系统为施工服务，先修建正式工程主干排水设施和管网，以方便排除地面滞水和地表滞水。

8. 现场道路应在两侧设排水沟，支道应两侧设小排水沟，沟底坡度一般为 2%~8%，保持场地排水和道路畅通。

9. 土方开挖应在地表流水的上游一侧设排水沟、散水沟和截水挡土堤，将地表滞水截住；在低洼地段挖基坑时，可利用挖出之土沿四周或迎水一侧、二侧筑 0.5~0.8 m 高的土堤截水。

10. 大面积地表水，可采取在施工范围区段内挖深排水沟，工程范围内再设纵横排水支沟，将水流疏干，再在低洼地段设集水、排水设施，将水排走。

11. 在可能滑坡的地段，应在该地段外设置多道环形截水沟，以拦截附近的地表水，修设和疏通坡脚的原排水沟，疏导地表水，处理好该区域内的生活和工程用水，阻止渗入该地段。

12. 湿陷性黄土地区，现场应设有临时或永久性的排洪防水设施，以防基坑受水浸泡，造成地基下陷。施工用水、废水应设有临时排水管道；贮水构筑物、灰地、防洪沟、排水沟等应有防止漏水措施，并与建筑物保持一定的安全距离。安全距离：一般在非自重湿陷性黄土地区应不小于 12 m，在自重湿陷性黄土地区不小于 20 m，对自重湿陷性黄土地区在 25 m 以内不应设有集水井。材料设备的堆放，不得阻碍雨水排泄。需要浇水的建筑材料，宜堆放在距基坑 5 m 以外，并严防水流入基坑内。

三、基坑排水

（一）排水注意事项

1. 雨季施工中，地面水不得渗漏和流入基坑，遇大雨或暴雨时及时将基坑内的积水排除。

2. 基坑在开挖过程中，沿基坑壁四周做临时排水沟和集水坑，将水泵置于集水坑内抽水。

3. 尽量减少晾槽时间，开挖和基础施工工序紧密连接。

4. 遇到降雨天气，基坑两侧边坡用塑料布苫盖，防止雨水冲刷。

5. 鉴于地表积水，同时施工过程中也可能出现地表的严重积水，因此，进场后根据现场地形修筑挡水设施，修建排水系统确保排水渠道畅通。

（二）开挖排水沟、集水管施工过程中的几点注意事项

1. 水利工程整体优先

排水沟和集水管的设计不能干扰水利工程的整体施工，一定要有坡度，以便集水，水沟的宽度和深度均要与排水量相适应，出于排水的考虑，基坑的开挖范围应当适当扩大。

2. 水泵安排有讲究

水利工程建成后，要根据抽水的数据结果来选择适当的排水泵，一味的大泵并不一定都好，因为其抽出水量超过其正常的排出水量，其流速过大会抽出大量砂石。并且管壁之间要有过滤器，在管井正常抽水时，其水位不能超过第一个取水含水层的过滤器，以免过滤管的缠丝因氧化、坏损而导致涌沙。

3. 防备特殊情况，以备不时之需

为防止基坑排水任务重，排水要求高，必须准备一些备用的水泵和动力设备，以便在发生突发地质灾害如暴雨或机器故障时能立即补救。有条件的地区还可以采用电力发动水泵，但是供电要及时，还要保证特殊情况发生时，机器设备都能及时撤出，以免损失扩大。

因此，基坑排水工作的科学方案能保证一个水利工程的稳固，并为其施工提供良好的基础条件，妥善处理好基坑的排水问题，可谓之解决水之源、木之本的根基问题。排水系统的科学设计，能够保证地基不受破坏，也能增强地基的承载能力，从长远意义上讲更可以减少水利工程的整体开支，如果基坑排水问题处理不当，会给水利工程的运行带来巨大的安全隐患，增加来对水利工程的维护成本，降低水利工程的质量。

第五节　施工排水人员安全操作

第一，水泵作业人员应经过专业培训，并经考试合格后方可上岗操作。

第二，安装水泵以前，应仔细检查水泵，水管内应无杂物。

第三，吸水管管口应用莲蓬头，在有杂草与污泥的情况下，应外加护罩滤网。

第四，安装水泵前应估计可能的最低水位，水泵吸水高度不超过 6 m。

第五，安装水泵宜在平整的场地，不得直接在水中作业。

第六，安装好的水泵应用绳索固定拖放或用其他机械放至指定吸水点，不宜由人直接下水搬运。

第七，开机前的检查准备工作：①检查原动机运转方向与水泵符合。②检查轴承中的润滑油油量、油位、油质应符合规定，如油色发黑，应换新油。③打开吸水管阀门，检查填料压盖的松紧应合适。④检查水泵转向应正确。⑤检查联轴器的同心度和间隙，用手转动皮带轮和联轴器，其转动应灵活无杂声。⑥检查水泵及电动机周围应无杂物妨碍运转。⑦检查电气设备应正常。

第八，正常运行应遵守下列规定：①运转人员应带好绝缘手套、穿绝缘鞋才能操作电气开关。②开机后，应立即打开出水阀门，并注意观察各种仪表情况，直至达到需要的流量。③运转中应做到四勤：勤看（看电流表、电压表、真空表、水压表等）、勤听、勤检查、勤保养。④经常检查水泵，填料处不得有异常发热、滴水现象。⑤经常检查轴承和电动机外壳温升应正常。⑥在运转中如水泵各部有漏水、漏气、出水不正常、盘根和轴承发热以及发现声音、温度、流量等不正常时，应立即停机检查。

第九，停机应遵守下列规定：①停机前应先关闭出水阀门，再行停机。②切断电源，将闸箱上锁，把吸水阀打开，使水泵和水箱的存水放出，然后把机械表面的水、油渍擦干净。③如在运行中突然造成停机，应立即关闭水阀和切断电源，找出原因并处理后方可开机。

第四章　爆破工程建设

工程爆破是利用炸药的爆炸能量对周围的岩土、混凝土等介质进行破碎、抛掷或压缩，达到预定的开挖、填筑或处理等目的的作业。本章主要介绍爆破工程施工的各项技术。

第一节　概述

爆破施工是一种有效的工程施工方法，常用来开挖基坑和地下洞室，不仅用于开采石料，还可用于松动土方、导流截流、水下爆破等。明确爆破机理，掌握爆破技术，对于加快工程进度、提高工程质量、降低工程成本有十分重要的意义。

1. 爆破作用圈

当具有一定质量的球形药包在无限均质介质内爆炸时，在爆炸作用下，距离药包中心不同区域的介质，由于受到的作用力不同，会产生不同程度的破坏或振动现象。整个被影响的范围就叫作爆破作用圈。这种现象随着与药包中心间距离的增大而逐渐消失，按对介质作用对不同可分为 4 个作用圈。

（1）压缩圈

压缩圈半径，在这个作用圈范围内，介质直接承受了药包爆炸而产生的极其巨大的作用力，因而如果介质是可塑性的土壤，便会遭到压缩，形成孔腔；如果介质是坚硬的脆性岩石，便会被粉碎。所以把 R1 这个球形地带叫作压缩圈或破碎圈。

（2）抛掷圈

抛掷圈是围绕在压缩圈范围以外的地带，其受到的爆破作用力虽较压缩圈范围内小，但介质原有的结构受到破坏，分裂成为各种尺寸和形状的碎块，而且爆破作用力尚有余力足以使这些碎块获得能量。如果这个地带的某一部分处在临空的自由面条件下，破坏了的介质碎块便会产生抛掷现象，因而叫作抛掷圈。

（3）松动圈

松动圈又称破坏圈。在抛掷圈以外至 R3 的地带，爆破的作用力更弱，除了能使介质结构受到不同程度的破坏外，没有余力可以使破坏了的碎块产生抛掷运动，因而叫作破坏圈。工程上为了实用起见，一般还把这个地带被破碎成为独立碎块的一部分叫作松动圈，而把只是形成裂缝、互相间仍然连成整块的一部分叫作裂缝圈或破裂圈。

（4）震动圈

在破坏圈范围以外，微弱的爆破作用力甚至不能使介质产生破坏。这时介质只能在应力波的作用下，产生震动现象，通常叫作震动圈。震动圈以外爆破作用的能量就完全消失了。

2. 爆破漏斗

在有限介质中爆破，当药包埋设较浅，爆破后将形成以药包中心为顶点的倒圆锥形爆破坑，称之为爆破漏斗。爆破漏斗的形状多种多样，随着岩土性质、炸药的品种性能和药包大小及药包埋置深度等的不同而变化。

3. 最小抵抗线

最小抵抗线是由药包中心至自由面的最短距离。

4. 爆破漏斗半径

即在介质自由面上的爆破漏斗半径。

5. 爆破作用指数

爆破作用指数是爆破漏斗半径 r 与最小抵抗线 w 的比值。

爆破作用指数的大小可判断爆破作用性质及岩石抛掷的远近程度，也是计算药包量、决定漏斗大小和药包距离的重要参数。一般用 n 来区分不同爆破漏斗，划分不同爆破类型：当 $n=1$ 时，称为标准抛掷爆破漏斗；当 $n>1$ 时，称为加强抛掷爆破漏斗；当 $0.75<n<1$ 时，称为减弱抛掷爆破漏斗；当 $0.33<n\leq0.75$ 时，称为松动爆破漏斗；当 $n\leq0.33$ 时，称为裸露爆破漏斗。

6. 可见漏斗深度

经过爆破后所形成的沟槽深度叫作可见漏斗深度，它与爆破作用指数大小、炸药的性质、药包的排数、爆破介质的物理性质和地面坡度有关。

7. 自由面

自由面又称临空面，指被爆破介质与空气或水的接触面。同等条件下，临空面越多炸药用量越小，爆破效果越好。

8. 二次爆破

二次爆破指大块岩石的二次破碎爆破。

9. 破碎度

破碎度指爆破岩石的块度或块度分布。

10. 单位耗药量

单位耗药量指爆破单位体积岩石的炸药消耗量。

11. 炸药换算系数

炸药换算系数指某炸药的爆炸力与标准炸药爆炸力之比（目前以 2# 岩石铵梯炸药为标准炸药）。

第二节　岩土开挖级别的划分

在土石方开挖中，为了估计施工的难易程度，正确选择施工方法和配备设备、劳力，计算工料消耗，先要根据开挖对象的工程性质及其具体指标（对施工影响较大的，有土石的容重、含水量、可松性和自然倾斜角等，见《土力学与岩石力学》），确定其开挖级别（以开挖方法和开挖难易程度划分的级别），便于与工程定额中的土石分级对应，以选取合适的定额，计算工程造价。

另外，地下工程施工方法及参数选择的主要依据，是根据岩体特性及产状构造特征等确定的围岩类别。

一、水工建筑物岩石基础的开挖

对于大型水利水电工程，水工建筑物岩石基础的开挖即基坑开挖具有施工范围受限、施工期间易受导流程序的限制，且与混凝土浇筑和基础灌浆处理等多个工序平行作业等特点，需做好基坑开挖过程中的排水、合理安排施工程序、科学组织出渣运输及正确选择开挖方法与技术等工作。

基坑开挖一般遵循自上而下分层开挖的原则，并广泛运用深孔台阶爆破方法。设计边坡轮廓面开挖，应采用预裂爆破和光面爆破方法。由于爆炸荷载的作用，在完成岩体破碎、开挖的同时，爆破不可避免地对保留岩体产生损伤，形成所滑的爆破损伤影响区。因此在建基面以上一定范围须预留保护层，采用严格的爆破控制措施，以防止水工建筑物岩石基础的整体性遭到破坏，保证建基面有足够的承载力以及良好的稳定性与抗渗性。

1. 基础保护层以上的岩体开挖

在大型水电工程建设过程中，对水工建筑物岩石基础保护层以上的岩体开挖，国内广泛运用以毫秒爆破技术为主的深孔台阶爆破方法。常用的爆破方式有齐发爆破、微差爆破、微差顺序爆破、微差挤压爆破和小抵抗线宽孔距爆破技术等。主体建筑物部位的爆破钻孔直径不应超过 110mm，梯段爆破的最大一段起爆药量，不得大于 500kg。

2. 保护层开挖

基础保护层的开挖是控制水工建筑物岩石基础质量的关键。紧邻水平建基面的岩体保护层厚度，主要与地质条件、爆破材料性能、炮孔装药直径等有关，应由梯段爆破孔底以下的破坏深度的爆破试验确定。只有在不具备现场试验的条件下，才允许使用工程类比法确定。

对基础保护层的开挖，按照现有规定，一般分 3 层开挖。第 1 层炮孔不得穿入建基面以上 1.5m 的范围，装药直径不得大于 40mm，控制单响药量不超过 300kg；第 2 层，对节理裂隙极发育和软弱岩体，炮孔不得穿入建基面以上 0.7m 的范围，其余岩体不得超过

0.5m 的范围，且炮孔与水平建基面的夹角不应大于 60°，装药直径不应大于 32mm，须采用单孔起爆方法；第 3 层，对节理裂隙极发育和软弱岩体，须留 0.2m 的厚岩体进行撬挖，其余岩体炮孔不得穿过建基面。

上述分层开挖中规定的炮孔角度、装药直径和起爆方法，都是为了减小本层爆破对水平建基面岩体的不利影响。

保护层的分层开挖限制了水电工程岩石基础开挖的速度，成为控制施工进度的关键。因此，研究和推广水工建筑物岩石基础保护层的一次爆除技术或不留保护层次爆破到位的建基面开挖技术具有重要的工程应用价值。孔底具有柔性垫层的小梯段孔间微差顺序起爆和水平光面爆破法一次爆除保护层、取消保护层的水平预裂爆破技术等，在万安、东风、铜街子、东江、隔河岩和三峡等水电工程中相继得到成功运用，并已开始在其他大型水电工程岩石基础开挖中得到推广和应用。

二、岩石高边坡爆破开挖

由于大型水电工程一般坐落在崇山峻岭之中，因此遇到的岩石边坡普遍具有边坡高而陡、工程量大、开挖强度高、地质条件复杂受岩体加固、混凝土浇筑等施工工序干扰大等特点。

钻孔爆破是岩石高边坡开挖的主要手段，如何有效控制钻孔爆破对边坡岩体的影响，确保边坡在施工期和运行期的稳定性，是岩石高边坡开挖中的关键技术之一。钻孔爆破对边坡岩体的影响包括炮孔近区爆炸冲击波的冲击损伤及爆源中远区爆破震动对岩体结构面的振动影响等方面。

为控制爆破对岩石高边坡的影响，在水电工程建设中广泛采用了预裂爆破、光面爆破、缓冲爆破和深孔梯段微差爆破技术。

在边坡的设计轮廓面上采用预裂爆破或光面爆破等轮廓爆破技术可最大限度地降低对保留表层边坡岩体的损伤影响。采用预裂爆破技术还能起到隔震作用。轮廓孔和主爆孔之间的缓冲孔的作用是防止主爆孔对保留岩体的破坏与损伤。另外，通过选择合理的微差延迟时间，控制最大单响药量，可以达到控制爆破震动强度的目的。

实践表明，爆破对岩石高边坡的影响主要与爆破震动的质点峰值振动速度有关。通常将边坡坡脚处的质点峰值振动速度作为爆破震动对边坡影响的安全判据，该判据可根据边坡岩体的地质力学条件、施工条件及边坡的重要性，通过工程类比法和现场试验确定。

对于高边坡的施工程序与道路布置，由于坝址两岸地形陡峻，坝肩开挖或缆机平台开挖工程量大、工期长，且两岸不具备布置坝肩开挖道路的条件，场内交通工程量大、工期长，坝肩开挖采用截流以后开挖出渣推至河床，从基坑运输出渣的施下方法。采用这种方法减少了开挖出渣道路布置的工程量，有利于施工期的环保、水保，但增加了截流以后坝肩的开挖时间和工期。如小湾电站、拉西瓦电站、锦屏一级电站和大岗山电站采用这种方法开挖高边坡。

第三节　爆破原理及装药量计算

岩土介质的爆破破碎是炸药爆轰产生的冲击波的动态作用和爆轰气体准静态作用的联合作用结果。炸药爆轰后，在瞬时（约十万分之一秒）产生高温高压气体，对相邻介质产生极大的冲击作用，并以冲击波的形式向四周传播能量。若传播介质为空气，称为空气冲击波；若传播介质为岩土，则称为地震波。

一、爆破的基本原理

1. 无限均匀介质中的爆破作用

炸药在无限均匀介质中的爆破，相当于药包埋置很深而其爆破作用达不到临空面的爆破，在这种理想介质中的爆破作用，冲击波以药包为中心，呈同心球向四周传播。离球心越近，作用于介质的压力越大，由于介质的阻尼，随着球心半径增大，作用于介质的压力波逐渐衰减，直至全部消失。爆破作用的影响范围沿球心切割一平面，可划分为以下几个部分。

（1）压缩圈（粉碎圈）：压缩圈是紧邻药包的部分介质，若为塑性介质将受到压缩形成一空腔，若为脆性体将遭受粉碎形成粉碎圈。

（2）抛掷圈：抛掷圈是压缩圈外具有抛掷势能的介质。当这部分介质具有逸出的临空面，将发生抛掷，这个范围称为抛掷圈。

（3）松动圈：松动圈是抛掷圈外围的一部分介质，爆破作用只能使其破裂松动，这一范围称为松动圈。

（4）震动圈：震动圈是松动圈以外的介质，随着冲击波的进一步减弱，只能使这部分介质产生震动，故称为震动圈。

从药包中心向外，相应各圈的半径叫压缩半径 Rc、抛掷半径 R、松动半径 Rp、震动半径 Rz，各圈半径的大小与炸药的特性、药包结构、爆破方式以及介质的特性密切相关。

2. 有限介质中的爆破作用

炸药在有限均匀介质中的爆破，相当于药包埋置较浅，其爆破作用达到临空面的爆破，即爆破作用半径能到达临空面的爆破。工程爆破多属于这种爆破。若药包的爆破作用使部分破碎介质具有抛向临空面的能量时，往往形成一个倒立圆锥体的爆破坑，形似漏斗，故称为爆破漏斗。

爆破漏斗的几何特征参数有：药包中心至临空面的最短距离，即最小抵抗线 W，爆破漏斗底半径 r，爆破破坏半径 R，可见漏斗深度 P 和抛掷距离 L。爆破漏斗的几何特征反映了药包能量和埋深的关系，也反映了爆破作用的影响范围。

3. 按爆破作用指数进行分类

爆破作用指数 $n=r/W$ 能反映爆破漏斗的几何特征，它是爆破设计中最重要的参数。工程应用中，通常根据 n 值的大小对爆破进行分类：当 $n=1$ 即 $r=W$ 时，称为标准抛掷爆破；当 $n>1$ 即 $r>W$ 时，称为加强抛掷爆破；当 $0.75\leq n<1$ 时，称为减弱抛掷爆破；当 $n<0.75$ 时，称为松动爆破。

松动爆破无岩石抛掷，漏斗半径范围内可见岩石破碎后的鼓胀现象。抛掷爆破中，破碎后的岩块部分抛掷于漏斗半径之外，部分碎石又落回到漏斗坑内，形成可见的漏斗，其深度 P 称为可见漏斗深度，可按下式计算：

$P=CW(2n—1)$

式中：C 为介质系数，对岩石 $C=0.33$，对黏土 $C=0.4$。

抛掷堆积体距药包中心的最大距离 L 称为抛掷距离，可按下式计算：

$L=5nW$

二、药包种类及药量计算

药包的类型不同，爆破的效果也各异。按形状，药包分为集中药包和延长药包，具体可通过药包的最长边 L 和最短边 a 的比值进行划分：当 $L/a\leq 4$ 时，为集中药包；当 $L/a>4$ 时，为延长药包。

对于大爆破，采用洞室装药，常用集中系数 φ 来区分药包的类型。

1. 对单个集中药包，其装药量计算公式为：

$Q=KW^3f(n)$

式中：K 为规定条件下的标准抛掷爆破的单位耗药量，kg/m^3；W 为最小抵抗线，m；$f(n)$ 为爆破作用指数的函数。

2. 对钻孔爆破，一般采用延长药包，其药量计算公式为：

$Q=qV$

式中：q 为钻孔爆破条件下的单位耗药量，kg/m^3；V 为钻孔爆破所需爆落的方量，m^3。

总之，装药量的多少，取决于爆破岩石的体积、爆破漏斗的规格和其他有关参数，但是上述公式，对于爆破质量、岩石破碎块度等要求，均未得到反映。因此，必须在实际应用中根据现场的具体条件和技术要求，加以必要的修正。

第四节　爆破方法

工程爆破的基本方法按照药室的形状不同主要可分为钻孔爆破和洞室爆破两大类。爆破的方法的选取取决于施工条件、工程规模和开挖强度的要求。在岩体的开挖轮廓线上，为了获得平整的轮廓面、减少爆破对保留岩体的损伤，通常采用预裂或光面爆破等技术。另外根据不同需要还有定向爆破、岩塞爆破、拆除爆破等特种爆破。

一、爆破机理

岩土介质的爆破破碎是炸药爆轰产生的冲击波的动态作用和爆轰气体准静态作用的联合作用结果。炸药爆轰后，在瞬间（约十万分之一秒）产生高温高压气体，对相邻介质产生极大的冲击作用，并以冲击波的形式向四周传播能量。

当爆破在无限均匀的理想介质中进行时，爆炸能量将以药包中心为球心，呈同心球向四周传播。此时，爆破作用的最终影响范围通常可划分为粉碎圈、破碎圈和振动圈。

对于普通工程爆破，炸药爆轰后，气体产物温度高达 2500 以上，作用在药室壁面的初始压力高达数千至 1 万多兆帕，冲击压力远高于介质的动抗压强度，致使药包附近的介质粉碎（硬岩）或压缩（软岩、土），形成粉碎（压缩）区。粉碎区介质消耗了冲击波很大一部分能量，致使冲击波迅速衰减为应力波。粉碎区范围很小，其半径约为药包半径的 2~3 倍。

粉碎区外紧接破碎区。在破碎区内，应力波引起的介质径向压缩导致环向拉伸。由于岩石的动抗拉强度只有动抗压强度的 1/16~1/8 左右，所以环向拉应力很容易超过岩石的抗拉强度而产生径向裂隙。径向裂隙与粉碎区连通后，高压爆生气体呈尖劈之势渗入裂隙并驱动其进一步扩展。岩石中，径向裂隙一般可延伸到 8~10 倍药包半径处。

应力波通过后，破碎区岩石应力释放，产生与原压应力方向相反的拉伸应力而导致环向裂隙的产生。径向裂隙和环向裂隙相互交叉、贯通，越近粉碎区，裂隙间距越小，破碎区中的岩石被纵横交错的裂隙切割成碎块。

破碎区以外，应力波和爆生气体的准静态应力场都不能再引起岩体破坏，只能引起弹性变形。实际上，破碎区之外，应力波已衰减为地震波，统称弹性振动区。以上各圈只是为说明爆破作用而划分的，并无明显界限，其作用半径的大小与炸药特性和用量、药包结构、起爆方式以及介质特性等密切相关。无限介质中的药包也称内部作用药包。

二、爆破方法

1. 钻孔爆破

根据孔径的大小和钻孔的深度，钻孔爆破又分为浅孔爆破和深孔爆破。前者孔径小于 75 mm，孔深小于 5 m；后者孔径大于 75 mm，孔深超过 5 m。

浅孔爆破有利于控制开挖面的形状和规格，使用的钻机具也较为简单，操作方便；缺点是劳动生产率较低，无法适应大规模爆破的需要。浅孔爆破大量应用于露天工程的中小型料场的开采，水工建筑物基础分层开挖，地下工程开挖及城市建筑物的控制爆破。

深孔爆破则恰好弥补了浅孔爆破的一些缺点，主要适用于料场和基坑的大规模、高强度开挖。

同时炮孔的布置也应该合理，在施工中形成台阶状，充分利用天然临空面或创造更多的临空面，以达到提高爆破效果，降低成本，便于组织钻孔、装药、爆破和出渣的平行流水作业，避免干扰，加快进度等目的。

2. 洞室爆破

洞室爆破通常也称为大爆破。它是先在山体内开挖导洞及药室，在药室内装入大量炸药组成的集中药包，一次可以爆破大量石方。洞室爆破可以进行松动爆破或定向爆破。进入洞室的导洞有平洞及竖井两种形式，平洞的断面一般为 1.0m × 1.4 m~1.2m × 1.8m，竖井的断面为 1.0m × 1.2m~1.5m × 1.8m。平洞以不超过 30 m 长为宜，竖井以不超过 20 m 深为宜；平洞施工方便，且便于通风、排水，应优先选用。药室的开挖容积与装药量、装药系数及装药密度有关，其形状有正方形、长方形、回字形、T 字形和十字形等。其容积可按下式计算：

$$V=AQ/\Delta$$

式中：V——药室的开挖容积（m^2）；

Q——药包重量（kg）；

A——装药系数，与药室装药工作条件有关，一般为 1.10~1.15；

Δ——炸药装药密度（kg/m^3）。

在洞室爆破中，一个导洞往往连接两个或多个药室，药室与药室间的距离为最小抵抗线的 0.8~1.2 倍。

洞室爆破的电力起爆线路一般采用并串联接或串并联的复式线路方式电爆网络或采用导爆索网络，以保证完全起爆。起爆药包宜采用起爆敏感度及爆速较高的炸药，起爆药包的重量约占药包总重量的 1%~2%，通常装在木板箱内，由导爆索和雷管来引爆。在有地下水的药室内，起爆药应有防水防潮能力。

在药室内有多个起爆药包时，为避免电爆网络引线过多而产生接线差错，可在主起爆药包用电雷管起爆，其他副起爆药包由主起爆药包引出的导爆索引爆。

洞室爆破在装药时，应注意把近期出厂且未受潮的炸药放在药室中部，并把起爆药包放置在中间，装完全部药后立即用黏土和细石渣将导洞堵塞。竖井一般要全堵，先在靠近药包处填黏土并拍实，填入 2~3m 黏土后再回填石渣。回填堵塞时，对引出的起爆线路要细心保护。

平洞的横向导洞应全堵，而纵向导洞的堵长由导洞布置的方式而定：当单侧布置且横拐较短时纵导洞堵长 8~12m；当单侧布置横拐较长时纵导洞堵长 2~4m；双侧对称布置且横拐较长时纵导洞堵长 1~2m。填堵时先用黏土在靠药室处堵 2~3m，其他部位可用细石渣填塞，并注意保护引出的起爆线路。

3. 定向爆破筑坝

定向爆破筑坝是利用陡峻的岸坡布药，定向松动崩塌或抛掷爆落岩石至预定位置，截断河道，然后通过人工修整达到坝体设计要求的筑坝技术。

（1）适用条件

定向爆破筑坝，地形上要求河谷狭窄，岸坡陡峻（倾角在40° 以上），山高山厚应为设计坝高的两倍以上；地质上要求爆区岩性均匀、强度高、风化弱、结构简单、覆盖层薄、地下水位低、渗水量小；水工上对坝体有严格防渗要求的多采用斜墙防渗；对坝体防渗要求不甚严格的，可通过爆破控制粒度分布，抛成宽体堆石坝，不另筑防渗体。泄水和导流建筑物的进出口应在堆积范围以外并应满足防止爆震的安全要求；施工上要求爆前完成导流建筑物、布药岸的交通道路、导洞药室的施工及引爆系统的铺设等。

（2）药包布置

定向爆破筑坝的药包布置可以采用一岸布药，或两岸布药。当河谷对称，两岸地形、地质、施工条件较好，则应采用两岸爆破，这样有利于缩短抛距，节约炸药，增加爆堆方量，减少人工加高工程量。当一岸不具备以上条件，或河谷特窄，一岸山体雄厚，爆落方量已能满足需要，则一岸爆破也是可行的。定向爆破药包布置应在保证工程安全前提下，尽量提高抛掷上坝方量。从维护工程安全的角度出发，要求药包位于正常水位以上，且大于铅直破坏半径。药包与坝肩的水平距离应大于水平破坏半径。药包布置应充分利用天然凹岸，在同一高程按坝轴线对称布置单排药包。若河段平直，则宜布置双排药包，利用前排的辅助药包创造人工临空面，利用后排的主药包保证上坝堆积方量。

4. 预裂爆破和光面爆破

为保证保留岩体按设计轮廓面成型并防止围岩破坏，可采用轮廓控制爆破技术。常用的轮廓控制爆破技术包括预裂爆破和光面爆破。所谓预裂爆破，就是首先起爆布置在设计轮廓线上的成排的预裂爆破孔内的延长药包，形成一条沿设计轮廓线贯穿的裂缝，再进行该裂缝以外的主体开挖部位的爆破，保证保留岩体免遭破坏；光面爆破是先爆除主体开挖部位的岩体，然后再起爆布置在设计轮廓线上的周边孔药包，将光爆层炸除，形成一个平整的开挖面。

预裂爆破和光面爆破在坝基、边坡和地下洞岩体开挖中获得了广泛应用。

5. 岩塞爆破

岩塞爆破是一种水下控制爆破。在已建水库或天然湖泊中，若拟通过引水隧洞或泄洪洞达到取水、发电、灌溉、泄洪和放空水库或湖泊等目的，为避免隧洞进水口修建时在深水中建造围堰，采用岩塞爆破是一种经济而有效的方法。施工时，先从隧洞出口逆水流向开挖，待掌子面到达水库或湖泊的岸坡或底部附近时，预留一定厚度的岩塞，待隧洞和进口控制闸门井全部完建后，再一次将岩塞炸除，使隧洞和水库或湖泊连通。

三、爆破公害的控制与防护

爆破公害的控制与防护是12程爆破设计中的重要内容。为防止爆破公害带来破坏，应调查周围环境，掌握人员、机械设备及重要建（构）筑物等被保护对象的分布状况，并根据各种被保护对象的承受能力，按照有关规范规程规定的安全距离，确定允许爆破规模。爆破施工过程中，危险区的人员、设备应撤至安全区，无法撤离的建（构）筑物及设施必须予以防护。

爆破公害的控制与防护可以从爆源、公害传播途径以及被保护对象三方面采取措施。

1. 在爆源控制公害强度

在爆源控制公害强度是公害防护最为积极有效的措施。

合理的爆破参数、炸药单耗和装药结构既可保证预期的爆破效果，又可避免爆炸能最过多地转化为振动、冲击波、飞石和爆破噪声等公害；采用深孔台阶微差爆破技术可有效削弱爆破震动和空气冲击波强度；合理布置岩石爆破中最小抵抗线方向，不仅可有效控制飞石方向和距离，还对降低与控制爆破震动、空气冲击波和爆破噪声强度有明显效果；保证炮孔的堵塞长度与质量、针对不良地质条件采取相应的爆破控制措施对削减爆破公害的强度也是非常重要的方面。

2. 在传播途径上削弱公害强度

在爆区的开挖线轮廓进行预裂爆破或开挖减震槽，可有效降低传播至保护区岩体中的爆破地震波强度。

对爆区临空面进行覆盖、架设防波屏可削弱空气冲击波强度，阻挡飞石。

3. 被保护对象的防护

当爆破规模已定，而在传播途径上的防护措施尚不能满足要求时，可对危险区内的建（构）筑物及设施进行直接防护。对被保护对象的直接防护措施有防震沟、防护屏以及表面覆盖等。

此外，严格执行爆破作业的规章制度，对施工人员进行安全教育，也是保证安全施工的重要环节。

四、爆破施工安全知识

爆破工作的安全极为重要，从爆破材料的运输、储存、加工，到施工中的装填、起爆和销毁均应严格遵守各项爆破安全技术规程。

（一）爆破、起爆材料的储存与保管

1. 爆破材料应储存在干燥、通风良好、相对湿度不大于65%的仓库内，库内温度应保持在18℃~30℃；周围5m内的范围，须清除一切树木和草皮。库房应有避雷装置，接地电阻不应大于10Ω。库内应有消防设施。

2. 爆破材料仓库与民房、工厂、铁路、公路等应有一定的安全距离。炸药与雷管（导爆索）须分开储存，两库房的安全距离不应小于有关规定。同一库房内不同性质、批号的炸药应分开存放。应严防虫鼠等啃咬。

3. 炸药与雷管成箱（盒）堆放要平稳、整齐。成箱炸药宜放在木板上，堆摆高度不得超过 1.7m，宽不超过 2m，堆与堆之间应留有不小于 1.3m 的通道，药堆与墙壁间的距离不应小于 0.3m。

4. 严格控制施工现场临时仓库内爆破材料储存数量，炸药不得超过 3t，雷管不得超过 10000 个和相应数量的导火索。雷管应放在专用的木箱内，离炸药不少于 2m 的距离。

（二）装卸、运输与管理

1. 爆破材料的装卸均应轻拿轻放，不得受到摩擦、震动、撞机、抛掷或转倒。堆放时要平稳，不得散装、改装或倒放。

2. 爆破材料应使用专车运输，炸药与起爆材料、硝铵炸药与黑火药均不得在同一车辆、车厢装运。用汽车运输时，装载不得超过允许载重量的 2/3，行驶速度不应超过 20km/h。

（三）爆破操作安全要求

1. 装填炸药应按照设计规定的炸药品种、数量、位置进行。装药要分次装入，用竹棍轻轻压实，不得用铁棒或用力压入炮孔内，不得用铁棒在药包上钻孔安设雷管或导爆索，必须用木或竹棒。当孔深较大时，药包要用绳子吊下，或用木制炮棍护送，不允许直接往孔内丢药包。

2. 起爆药卷（雷管）应设置在装药全长的 1/3~1/2 位置上（从炮孔口算起），雷管应置于装药中心，聚能穴应指向孔底，导爆索只许用锋利刀一次割好。

3. 遇有暴风雨或闪电打雷时，应禁止装药、安设电雷管和联结电线等操作。

4. 在潮湿条件下进行爆破，药包及导火索表面应涂防潮剂加以保护，以防受潮失效。

5. 爆破孔洞的堵塞应保证要求的堵塞长度，充填密实不漏气。填充直孔可用干细沙土、沙子、黏土或水泥等惰性材料。最好用 1 ∶ 3~1 ∶ 2（黏土：粗砂）的土砂混合物，含水量在 20%，分层轻轻压实，不得用力挤压。水平炮孔和斜孔宜用 2 ∶ 1 土砂混合物，做成直径比炮孔小 5~8mm，长 100~150mm 的圆柱形炮泥棒填塞密实。填塞长度应大于最小抵抗线长度的 10%~15%，在堵塞时应注意勿捣坏导火索和雷管的线脚。

6. 导火索长度应根据爆破员在完成全部炮眼和进入安全地点所需的时间来确定，其最短长度不得小于 1m。

（四）爆破防护覆盖方法

1. 基础或地面以上构筑物爆破时，可在爆破部位上铺盖湿草垫或草袋（内装少量砂土）做头道防线，再在其上铺放胶管帘或胶垫，外面再以帆布棚覆盖，用绳索拉住捆紧，以阻挡爆破碎块，降低声响。

2. 对离建筑物较近或在附近有重要设备的地下设备基础爆破，应采用橡胶防护垫（用废汽车轮胎编织成排），环索联结在一起的粗圆木、铁丝网、脚手板等护盖其上防护。

3. 对一般破碎爆破，防飞石可用韧性好的铁丝爆破防护网、布垫、帆布、胶垫、旧布垫、荆笆、草垫、草袋或竹帘等做防护覆盖。

4. 对平面结构，如钢筋混凝土板或墙面的爆破，可在板（或墙面）上架设可拆卸的钢管架子（或作活动式），上盖铁丝网，再铺上内装少量砂土的草包形成一个防护罩防护。

5. 爆破时为保护周围建筑物及设备不被打坏，可在其周围 5cm 用木板加以掩护，并用铁丝捆牢，距炮孔距离不得小于 50cm。如爆破体靠近钢结构或需保留部分，必须用沙袋加以保护，其厚度不小于 50cm。

第五节　钻孔机具

钻爆作业中，钻孔消耗的时间占爆破工程各工序总时间的一半以上，其费用能占到爆破工程总费用的 70% 以上。钻孔的效率和质量在很大程度上取决于钻孔机具。

一、风钻

风钻是一种风动冲击式凿岩机，它是使用压缩空气作为动力，使钻头产生冲击作用，破岩成孔的，浅孔作业多用轻型手提式风钻，其自重约 20~25kg，多用于向下钻铅直孔；向上及倾斜钻孔，则多采用重型支架式风钻，所用风压一般为 4 × 105~64 × 105 Pa，耗风量一般为 2~4m^3/min。国内常用 YT-23 型、YT-25 型、YT-30 型以及带腿的 YTP-26 型风钻。YT-23 型自重轻，结构简单，操作方便，钻孔效率高，所以在采石场、基坑开挖、溢洪道开挖中广泛应用。

二、回转钻

由于钻杆回转钻进，当使用岩芯管时，可取出整段岩芯，故又称为岩芯钻孔。钻杆端部可按钻孔孔径要求装大小不同的钻头，当钻一般硬度的岩石时，可用普通的钢钻头，钻头与孔底间投放钢砂；当钻中等硬度岩石时，可用嵌有硬质合金的各型钻头；当钻坚硬岩石时，则宜用金刚石（钻石）钻头。钻进过程中为了排除岩粉，冷却钻头，由钻杆顶部通过空心钻杆向孔内注水。钻进松软岩石时，可向孔内注入泥浆，使岩屑悬浮至表面溢出孔外，泥浆还起到固护孔壁的作用。回转式钻机可钻斜孔，钻进速度快。常以最大钻孔深度表示钻机型号。例如，国产 XJ-100 型和 XJ-300 型回转式钻机，其中 100 和 300 表示最大钻孔深度（m），钻孔孔径一般为 90mm、100 mm。国产机钻孔深度可达 150 m。

三、冲击钻

钻机安放在可移动的履带轮上，工作时只能钻直向下的孔，而不能像回转钻机一样钻斜孔。钻具悬挂在钢索上，借助偏心的传动机构完成向上的提升，向下冲击的动作。钻具凭自重下落冲击岩石，因此钻具的自重和落高是机械类型的控制参数。国产 CZ-20 型钻机钻具重 1 000 kg，用于钻松动软岩石。CZ-2 型钻孔钻具重 550~1 300 kg，用于钻坚硬岩石。钻孔直径，前者为 150~500mm，后者为 150~300mm。

冲击式钻机钻孔，每冲击一次，钻具提离孔底，钢索旋转带动钻具旋转一个角度，以保证钻具均匀破碎岩石，形成圆形钻孔。孔内岩渣用清渣筒清除。为了冷却钻头，钻进时应不断向孔内加水或泥浆以固孔壁（详见第三章中“地下连续墙造孔”）。

四、潜孔钻

潜孔钻机较以上两种钻机有进一步改进，此机的冲击机构和钻头一起潜入孔底进行作业，靠冲击和回转破碎岩石，凿岩效率高、噪声低，可钻倾斜炮孔，钻孔效率很高。钻进牢固系数 6~10 的岩石，平均台班进尺达 35~45m。通常一根钻杆的有效钻孔深度为 8 m，因此当孔深不超过 8 m，可不接长钻杆，钻进效率更高。国内常用的 YQ-150A 型钻机，钻孔直径 170 mm，孔深达 17.5 m，钻孔倾角有 45°、60°、75°、90° 四种。在钻进过程中，将粉尘吹出孔口，由设在孔口的捕尘罩借助抽风机将粉尘吸入集尘箱处理。潜孔钻结构简单，运行可靠，维修方便，钻孔效率高，是一种通用、功能良好的深孔作业的钻孔机械。以液压动力驱动冲击机构和钻头的潜孔钻机，称为液压钻机。

第六节　爆破器材

一、炸药

1. 炸药的性能指标

通常应根据岩石性质和爆破要求选择不同特性的炸药。反映炸药特性的基本性能指标有：

（1）威力。分别以爆力和猛度表示。爆力又称静力威力，用定量炸药炸塌规定尺寸铅柱体内空腔的容积（mL）来表示，它表征炸药膨胀介质的能力。猛度又称动力威力，用定量炸药炸塌规定尺寸铅柱体的高度（mm）来表示，它表征炸药粉碎介质的能力。

（2）氧平衡。它是炸药含氧量和氧化反应程度的指标。当炸药的含氧量恰好等于可燃物完全氧化所需要的氧量时，则生成无毒 CO_2 和 H_2O，并释放大量热能，称为正氧平衡。

若含氧量不足，就会生成有毒的CO，称为负氧平衡，释放能量也仅为正氧平衡的1/3左右。不难看出，从充分发挥炸药化学反应的放热能力和有利于安全出发，炸药最好是零氧平衡。考虑炸药包装材料燃烧的需氧量，炸药通常配制成微量的正氧平衡。氧平衡可通过炸药的掺和来调节。例如，TNT炸药是负氧平衡，掺入正氧平衡的硝酸铵，可使之达到微量的正氧平衡。对于正氧平衡的炸药卷，也可增加包装纸爆炸燃烧达到零氧平衡。

（3）最佳密度。炸药能获得最大爆破效果的密度。凡高于和低于此密度，爆破效果都会降低。

（4）安定性。炸药在长期贮存中，具有保持自身性质稳定不变的能力。

（5）敏感度。炸药在外部能量激发下，引起爆炸反应的难易程度。

（6）殉爆距。炸药药包的爆炸引起相邻药包起爆的最大距离，以cm计。

2. 常用的工业炸药

（1）TNT（三硝基甲苯）。这是一种烈性炸药，呈黄色粉末或鱼鳞片状，难溶于水，可用于水下爆破。由于此炸药威力大，常用来做副起爆药。爆炸后呈负氧平衡，产生有毒的CO，故不适于地下工程爆破。

（2）胶质炸药（硝化甘油炸药）。这是一种烈性炸药，色黄、可塑、威力大、密度大、抗水性强可做副起爆炸药，也可用于水下及地下爆破工程。它的冻结温度高达13.2℃，冻结后，敏感度高，安全性差。随着硝铵类含水炸药出现，该类炸药的使用日趋减少。

（3）铵梯炸药。其主要成分是硝酸铵加少量的TNT和木粉混合而成。调整三种成分的百分比，可制成不同性能的铵梯炸药。这种炸药敏感度低，使用安全，缺点是吸湿性强，易结块，使爆力和敏感度降低。

国产铵梯炸药有露天铵梯炸药、岩石铵梯炸药和煤矿铵锑炸药等主要品种。工程爆破中，2号岩石铵梯炸药得到了广泛应用，并作为中国药量计算的标准炸药。其猛度为12mm，殉爆距离5cm。炸药卷直径为32~35mm，处于最佳密度时的药卷爆速约为3600 m/s，贮存有效期为6个月。

（4）浆状炸药。这是以氧化剂的饱和水溶液、敏化剂及胶凝剂为基本成分的抗水硝铵类炸药。含有水溶性胶凝剂的浆状炸药又叫水胶炸药。它具有抗水性强、密度高、爆炸威力较大、原料来源广泛和使用安全等优点，主要缺点是贮存期短，在露天、有水的深孔爆破中应用广泛。

（5）铵油炸药。其主要成分是硝酸铵和柴油。为减少结块，可加入木粉。理论与实践表明，硝酸铵、柴油、木粉的最佳配比为92 ∶ 4 ∶ 4；当无木粉时，含油率以6%较好。铵油炸药成本低、使用安全、易于生产，但威力和敏感度较低。热加工拌和均匀的细粉状铵油炸药，可用8号雷管起爆；冷加工颗粒较粗、拌和较差的粗粉状铵油炸药需用中继药包始能起爆。铵油炸药的有效贮存期仅为7~15天，一般在施工现场拌制。

（6）乳化炸药。这是以氧化剂（主要是硝酸铵）水溶液与油类经乳化而成的油包水型乳胶体作为爆炸基质，再添加少量敏化剂、稳定剂等添加剂而成的一种乳脂状炸药。乳化炸药的爆速较高，且随药柱直径增大、炸药密度增大而提高。乳化炸药有抗水性强，爆炸性能好，原材料来源广，加工工艺简单，生产使用安全和环境污染小等优点。有效贮存期为4~6个月。

在水利水电工程建设中，较常见的工业炸药为铵梯炸药、乳化炸药和铵油炸药。

二、起爆器材

常用的起爆器材包括各种雷管、用来引爆雷管或爆轰波的各种材料。

1. 火雷管和电雷管

根据点火装置的不同，分为火雷管和电雷管。前者在帽孔前的插索腔内插入导火索点火引爆；后者有电器点火装置点火引爆正起炸药雷汞或迭氮铅，再激发副起爆药产生爆轰。正起爆药外用金属加强帽封盖。电雷管有即发、秒延迟和毫秒延迟三种。常用的即发雷管为6~8号。秒延迟雷管不同于即发雷管之处在于点火装置与加强帽之间多了一段缓燃剂，根据缓燃剂的特点控制延迟时间，国产的秒延迟雷管分7段，每段延迟时间为1s。毫秒延迟电雷管的构造是在点火装置与加强帽之间增设毫秒延迟药，国产毫秒延迟雷管有五个系列产品，其中第五系列被广泛运用，共计20段，最大延迟时间可达2000 ms。

2. 导火索

导火索用来激发火雷管。索心为黑火药，外壳用棉线、纸条和防水材料等缠绕和涂抹而成。按使用场合不同，导火索有普通型、防水型和安全型三种。使用最多的是每米燃烧时间为100~125s的普通型导火索。

3. 导爆索（线状雷管）

导爆索可分为安全导爆索和露天导爆索。水利水电常用的为露天导爆索。导爆索构造类似于导火索，但其药芯为黑索金（炸药），外表涂成红色，以示区别。普通导爆索的爆速一般不低于6500 m/s，线装药密度为12~14g/m。合格的导爆索在0.5m深的水中浸泡24h后，其敏感度和传爆性能不变。

4. 导爆管

导爆管用于导爆管起爆网络中冲击波的传递，需用雷管引爆。它为一种聚乙烯空心软管，外径3mm，内径1.4mm，管内壁涂有以奥克托金或黑索金为主体的粉状炸药，线敷药密度为14~18 mg/m。导爆管的传爆速度为1600~2000 m/s。

5. 导爆雷管

在火雷管前端加装消爆室后，再用塑料卡口塞与导爆管连接即成导爆雷管。消爆室的主要作用在于降低导爆管口泄出的高温气流压力，防止在火雷管发火前卡口塞破裂或脱开。消爆室后无延迟药者为瞬发导爆雷管，有延迟药者为毫秒导爆雷管。秒延迟雷管的延迟时间也用精致导爆索控制。

等。海啸、风暴潮等也可能引起洪水灾害，各类洪水都具有明显的季节性和地区性特点。我国大部分地区以暴雨洪水为主，但对于我国沿海的海南、广东、福建、浙江等地而言，热带气旋引发的洪水较常见，而对于黄河流域、东北地区而言，冰凌洪水经常发生。

（二）洪水三要素

1. 洪峰流量

在一次洪水过程中，通过河道的流量由小到大，再由大到小，其中最大的流量称为洪峰流量。在岩石河床或比较稳定的河床，最高洪水位出现的时间一般与洪峰流量出现的时间相同。

2. 洪水总量

洪水总量是指一次洪水通过河道某一断面的总水量。洪水总量按时间长度进行统计。

3. 洪水历时

洪水历时是指在河道的某一断面上，一次洪水从开始涨水到洪峰，再到落平所经历的时间。洪水历时与暴雨持续时间和空间特性、流域特性有关。

洪峰传播时间是指自河段上游某断面洪峰出现到河段下游某断面洪峰出现所经历的时间。在调洪中，常利用洪峰传播时间进行错峰调洪，也可以进行洪水预报。

（三）洪水等级

洪水等级按洪峰流量重现期划分为以下四级：

一般洪水：5~10 年一遇；

较大洪水：10~20 年一遇；

大洪水：20~50 年一遇；

特大洪水：大于 50 年一遇。

二、洪水类型

（一）暴雨洪水

暴雨洪水是指由暴雨通过产流、汇流在河道中形成的洪水。暴雨洪水在我国发生很频繁。

1. 暴雨洪水的成因

暴雨洪水历时长短视流域大小、下垫面情况与河道坡降等因素而定。洪水大小不仅同暴雨量级关系密切，还与流域面积、土壤干湿程度、植被、河网密度、河道坡降以及水利工程设施有关。在相同的暴雨条件下，河道坡度越陡，承受的雨水越多，洪水越大；在相同暴雨和相同流域面积条件下，河道坡度越陡、河网越密，雨水汇流越快，洪水越大。如暴雨发生前土壤干旱，吸水较多，形成的洪水较小。

2. 暴雨洪水的特性

在我国，暴雨具有明显的季节性和地区性特点，年际变化也很大。对于全流域的大洪水，主要由东南季风和热带气旋带来的集中降雨产生；对于区域性的洪水，主要由强对流天气引发的短历时降雨产生。

对于一次暴雨引发的洪水而言，其洪水过程一般有起涨、洪峰出现和落平三个阶段。山区河流河道坡度陡，流速大，洪水易暴涨暴落；平原河流河道坡度缓，流速小，洪峰不明显，退水也慢。大江大河流域面积大，接纳支流众多，洪水往往出现多峰，而中小流域常为单峰。持续降雨往往出现多峰，单次降雨则为单峰。

（二）融雪洪水

融雪洪水是指流域内积雪（冰）融化形成的洪水。高寒积雪地区，当气温回升至 0℃以上时，积雪融化，形成融雪洪水。若此时有降雨发生，则形成雨雪混合洪水。融雪洪水主要发生在大量积雪或冰川发育的地区。

（三）冰凌洪水

冰凌洪水是河流中因冰凌阻塞、水位壅高或槽蓄水量迅速下泄而引起显著的涨水现象。黄河宁蒙河段、山东河段，以及松花江等江河，进入冬季后，河道下游封冻早于上游。按洪水成因，冰凌洪水分为冰塞洪水、冰坝洪水和融冰洪水。河道封冻后，冰盖下冰花、碎冻大量堆积形成冰塞堵塞部分河道断面，致使上游水位显著壅高，此为冰塞洪水；在开河期，大量流冰在河道内受阻，冰块上爬下插，堆积成横跨过水断面的坝状冰体，造成上游水位壅高，当冰坝承受不了上游冰、水压力时便突然破坏，迅速下泄，此为冰坝洪水；封冻河段因气温升高使冰盖逐渐融解时，河槽蓄水缓慢下泄形成洪水，此为融冰洪水。

（四）山洪

山洪是指流速大，过程短暂，往往挟带大量泥沙、石块，突然破坏力很大的小面积山区洪水。山洪一般由强对流天气暴雨引发，在一定地形、地质、地貌条件下形成。在相同条件下，地面坡度越陡，表层土质越疏松，植被越差，越易于形成。由于山洪具有强度大、分布广，且有着很大突发性、多发性、随机性特点，对人民生命财产造成极大的危害，甚至造成毁灭性的破坏。

山洪灾害可分为溪河洪水、泥石流和山体滑坡等三类。

（五）泥石流

泥石流是指含饱和固体物质（泥沙、石块）的高黏性流体。泥石流一般发生在山区，暴发突然，历时短暂，洪流挟带大量泥沙、石块，来势汹涌，所到之处往往造成毁灭性破坏。

1. 泥石流形成的基本条件

（1）两岸谷坡陡峻，沟床坡降较大，并具有利于水流汇集的小流域地形。

（2）沟谷和沿程斜坡地带分布有足够数量的松散固体物质。

（3）沟谷上中游有充沛的突发性洪水水源，如瞬时极强暴雨、气温骤高冰雪消融、湖堰溃决等产生强大的水动力。

在我国，泥石流的分布具有明显的地域特点。在西部山区，断裂发育、新构造运动强烈、地震活动性强、岩体风化破碎、植被不良、水土流失严重的地区，常是泥石流的多发区。

2. 泥石流的组成

典型的泥石流一般由以下三个地段组成：

（1）形成区（含清水区、固体物质补给区）。形成区大多为高山环抱的扇状山间洼地，植被不良，岩土体破碎疏松，滑坡、崩塌发育。

（2）流通区。流通区位于沟谷中游段，往往成峡谷地形，谷底纵坡陡峻，是泥石流冲出的通道。

（3）堆积区。堆积区位于沟谷出口处，地形开阔，纵坡平缓，流速骤减，形成大小不等的扇形、锥形及垄岗地形。

3. 泥石流的分类

（1）泥石流按流体性质分为黏性泥石流、稀性泥石流、过渡性泥石流。

（2）泥石流按物质补给方式分为坡面泥石流、崩塌泥石流、滑坡泥石流、沟床泥石流、溃决泥石流。

（3）泥石流按流体中固体物质的组成分为泥石流、泥流、碎石流、水石流。

（4）泥石流按发育阶段分为发展期泥石流、活跃期泥石流、衰退期泥石流、间歇（中止）期泥石流。

（5）泥石流按暴发规格（一次泥石流最大可冲出的松散固体物质总量）分特大型泥石流（大于 50 万 m^3）、大型泥石流（10 万 ~50 万 m^3）、中型泥石流（1 万 ~10 万 m^3）和小型泥石流（小于 1 万 m^3）等。

（六）山体滑坡

山体滑坡是指由于山体破碎，存在裂隙，节理发育，整体性差，或强风化层和覆盖层堆积较厚，浸水饱和后抗剪强度降低，在外力（洪水冲刷、地震）作用下，部分山体向下坍滑的现象。山体滑坡虽影响范围小，但具有突发性，对倚山而建的居民而言，具有很大的破坏力。

（七）溃坝洪水

溃坝洪水是指水库大坝、堤防、海塘等挡水建筑物遭遇超标准洪水或发生重大险情，突然溃决发生的洪水。溃坝洪水具有突发性和破坏性大的特点，对洪水防御范围内的工农业生产和人民生命财产安全构成很大威胁。

三、洪水标准

（一）频率与重现期

频率概念抽象，常用重现期来代替。所谓重现期，是指大于或等于某随机变量（如降雨、洪水）在长时期内平均多少年出现一次（多少年一遇）。这个平均重现间隔期即重现期，用 N 表示。

在防洪、排涝研究暴雨洪水时，频率 P(%）和重现期 N(年）存在下列关系：

$$N=\frac{1}{P}$$

$$P=\frac{1}{N}\times 100\%$$

（二）洪水标准和防洪标准

防洪标准是指防护对象防御相应洪水能力的标准，常用洪水的重现期表示，如 50 年一遇、100 年一遇等。

水利水电工程按其工程规模、效益及在国民经济中的重要性划分为五个等别，所属水工建筑物划分五个级别。

（三）堤防防洪标准

堤防是为了保护防护对象的防洪安全而修建的，它本身并无特殊的防洪要求，它的防洪标准应根据防护对象的要求确定：

保护大片农田：10~20 年一遇；

保护一般集镇：20~50 年一遇；

保护城市：50~100 年一遇；

保护特别重要城市：300~500 年一遇；

保护重要交通干线：50~100 年一遇。

第三节　防汛组织工作

一、防汛组织机构

防汛抢险工作是一项综合性很强的工作，牵涉面广，责任重大，不能简单理解为水利部门的事情，必须动员全社会各方面的力量参与。防汛机构担负着发动群众、组织各方面的社会力量、从事防汛指挥决策等重大任务，并且在组织防汛工作中，还需进行多方面的联系和协调。因此，需要建立强有力的组织机构，做到统一指挥、统一行动、分工合作、同心协力共同完成。

防汛组织机构是各级政府的一个工作职能部门。我国政府的防汛组织机构是国家防汛抗旱总指挥部，下属有与之相关的工作协调部门。

国务院设立国家防汛抗旱总指挥部，负责组织领导全国的防汛抗旱工作，其办事机构设在国务院水行政主管部门（水利部）。在国家确定的重要江河、湖泊可以设立由有关省、自治区、直辖市人民政府和该江河、湖泊的流域管理机构负责人等组成的防汛指挥机构，指挥所管辖范围内的防汛抗洪工作，其办事机构设在各流域管理机构。

除国务院、流域管理机构成立防汛指挥机构外，有防汛任务的各省、自治区及市、县（区）人民政府也要相应设立防汛指挥机构，负责本行政区域的防汛突发事件的应对工作。其办事机构设在当地政府水行政主管部门的水利（水务）局，负责管辖范围内的日常防汛工作。有防汛任务的乡（镇）也应成立防汛组织，负责所辖范围内防洪工程的防汛工作。有关部门、单位可根据需要设立行业防汛指挥机构，负责本行业、单位防汛突发事件的应对工作。

地方防汛指挥机构由省、市、县（区）政府有关部门，当地驻军和人民武装部队负责人组成，由当地政府主要负责人（副省长、副市长、县（区）长）任总指挥。指挥机构成员各地稍有不同，以市级防汛指挥机构为例，指挥部成员包括各级政府、当地驻军（武警）、水利（水务）局、市委宣传部、市发展和改革委员会（局）、市对外贸易经济合作局、市公安局、市民政局、市财政局、市国土资源局、市住房和城乡建设局、市交通运输局、市农业局、市安全生产监督管理局、市卫生局、市气象局、广播电视局等部门的主要负责人。此外，根据各地实际情况，成员还有供销社、林业局、水文局（站）、环境保护局、城市综合管理局、海事局、供电局、电信局、保险公司、石油（化）公司等部门的主要负责人。

我国海岸线很长，沿海各省、市、县（区）每年因强热带风暴、台风而引起的洪涝灾害损失极其严重。因此，相关省、市、县（区）将防台风的工作同样放在重要位置，除防汛、抗旱工作外，还要做好防台风的工作。由此机构设置的名称为防汛防风抗旱总指挥部，简称三防总指挥部，而下设的日常办事机构，则称为三防办公室。

防汛工作按照统一领导、分级分部门负责的原则，建立健全各级、各部门的防汛机构，发挥有机的协作配合，形成完整的防汛组织体系。防汛机构要做到正规化、专业化，并在实际工作中，不断加强机构的自身建设，提高防汛人员的素质，引用先进设备和技术，充分发挥防汛机构的指挥战斗作用。

二、防汛责任制

防汛工作是关系全社会各行业和千家万户的大事，是一项责任重大而复杂的工作，它直接涉及国民经济的发展和城乡人民生命财产的安全。洪水到来时，工程一旦出现险情，防汛抢险是压倒一切工作的大事，防汛工作责任重于泰山，必须建立和健全各种防汛责任制，实现防汛工作正规化和规范化，做到各项工作有章可循，所有工作各负其责。

（一）行政首长负责制

行政首长负责制是指由各级政府及其所属部门的首长对本政府或本部门的工作负全面责任的制度，这是一种适合于中国行政管理的政府工作责任制。其指地方各级人民政府实行省长、市长、县长（区长）、乡长、镇长负责制。各省的防汛工作，由省长（副省长）负责，地（市）、县（区）的防汛工作，由各级市长、县（区）长（或副职）负责。

行政首长负责制是各种防汛责任制的核心，是取得防汛抢险胜利的重要保证，也是历来防汛抢险中最行之有效的措施。防汛抢险需要动员和调动各部门各方面的力量，党、政、军、民全力以赴，发挥各自的职能优势，同心协力共同完成。因此，防汛指挥机构需要政府主要负责人亲自主持，全面领导和指挥防汛抢险工作。

（二）分级管理责任制

根据水系及水库、堤防、水闸等防洪工程所处的行政区域、工程等级、重要程度和防洪标准等，确定省、地（市）、县、乡、镇分级管理运用、指挥调度的权限责任。在统一领导下，对所管辖区域的防洪工程实行分级管理、分级调度、分级负责。

（三）部门责任制

防汛抢险工作牵涉面广，需要调动全社会各部门的力量参与，防汛指挥机构各部门（成员）单位，应按照分工情况，各司其职，责任制层层落实到位，做好防汛抗洪工作。

（四）包干责任制

为确保重点地区的水库、堤坝、水网等防洪工程和下游保护对象的汛期安全，省、地（市）、县、乡各级政府行政负责人和防汛指挥部领导成员实行分包工程责任制，将水库、河道堤段、蓄滞洪区等工程的安全度汛责任分包，责任到人，有利于防汛抢险工作的开展。

（五）岗位责任制

汛期管好用好水利工程，特别是防洪工程，对做好防汛减少灾害至关重要。工程管理单位的业务处室和管理人员以及护堤员、巡逻人员、防汛工、抢险队等要制定岗位责任制，明确任务和要求，定岗定责，落实到人。岗位责任制的范围、项目、安全程度、责任时间等，要做出相关职责的条文规定，严格考核。在实行岗位责任制的过程中，要调动职工的积极性，强调严格遵守纪律。要加强管理，落实检查制度，发现问题及时纠正。

（六）技术责任制

在防汛抢险工作中，为充分发挥技术人员的专长，实现科学抢险、优化调度以及提高防汛指挥的准确性和可靠性，凡是评价工程抗洪能力、确定预报数字、制定调度方案、采取的抢险措施等有关技术问题，均应由专业技术人员负责，建立技术责任制。关系重大的技术决策，要组织相当技术级别的人员进行咨询，以防失误。县、乡（镇）的技术人员也要实行技术责任制，对所包的水库、堤防、闸坝等工程安全做到技术负责。

（七）值班工作责任制

为了随时掌握汛情，减少灾害损失，在汛期，各级防汛指挥机构应建立防汛值班制度，汛期值班室24h不离人。值班人员必须坚守岗位，忠于职守，熟悉业务，及时处理日常事务，以便防汛机构及时掌握和传递汛情。要及时加强上下联系，多方协调，充分发挥水利工程的防汛减灾作用。

三、防汛队伍

为做好防汛抢险工作，取得防汛斗争的胜利，除充分发挥工程的防洪能力外，更主要的一条是在当地防汛指挥部门领导下，在每年汛前必须组织好防汛队伍。多年的防汛抢险实践证明，防汛抢险采取专业队伍与群众队伍相结合，军民联防是行之有效的。各地防汛队伍名称不同，主要由专业防汛队、群众防汛抢险队、军（警）抢险队组成。

（一）专业防汛队

专业防汛队是懂专业技术和管理的队伍，是防汛抢险的技术骨干力量，由水库、堤防、水闸管理单位的管理人员、护堤员等组成，平时根据管理中掌握的工程情况分析工程的抗洪能力，做好出险时抢险准备。进入汛期，要上岗到位，密切注视汛情，加强检查观测，及时分析险情。专业防汛队要不断学习养护修理知识，学习江河、水库调度和巡视检查知识以及防汛抢险技术，必要时进行实战演习。

（二）群众防汛抢险队

群众防汛抢险队是防汛抢险的基础力量。它是以当地青壮年劳力为主，吸收有防汛抢险经验的人员参加，组成不同类别的防汛抢险队伍，可分为常备队、预备队、抢险队、机动抢险队等。

1. 常备队

常备队是防汛抢险的基本力量，是群众性防汛队伍，人数比较多，由水库、堤防、水闸等防洪工程周围的乡（镇）居民中的民兵或青壮年组成。常备队组织要健全，汛前登记造册编成班、组，要做到思想、工具、料物、抢险技术四落实。汛期按规定到达各防守位置，分批组织巡逻。另外，在库区、滩区、滞洪区也要成立群众性的转移救护组织，如救护组、转移组和留守组等。

2. 预备队

预备队是防汛的后备力量，当防御较大洪水或紧急抢险时，为补充加强常备队的力量而组建的。人员条件和距离范围更宽一些，必要时可以扩大到距离水库、堤防、水闸较远的县、乡（镇），要落实到户到人。

3. 抢险队

抢险队是为防洪工程在汛期出险而专门组织的抢护队伍，是在汛前从群众防汛队伍中选拔有抢险经验的人员组成的。当水库、堤防、水闸工程发生突发性险情时，立即抽调组成的抢险队员，配合专业队投入抢险。这种突击性抢险关系到防汛的成败，既要迅速及时，又要组织严密、指挥统一。所有参加人员必须服从命令听指挥。

4. 机动抢险队

为了提高抢险效果，在一些主要江河堤段和重点水库工程可建立训练有素、技术熟练、反应迅速、战斗力强的机动抢险队，承担重大险情的紧急抢险任务。机动抢险队要与管理单位结合，人员相对稳定，平时结合管理养护，学习提高技术，参加培训和实践演习。机动抢险队应配备必要的交通运输和施工机械设备。

（三）军（警）抢险队

解放军和武警部队历来在关键时刻承担急、难、险、重的抢险任务，每当发生大洪水和紧急抢险时，他们总是不惧艰险，承担着重大险情抢护和救生任务。防汛队伍要实行军民联防，各级防汛指挥部应主动与当地驻军联系，及时通报汛情、险情和防御方案，明确部队防守任务和联络部署制度，组织交流防汛抢险经验。当遇大洪水和紧急险情时，立即请求解放军和武警部队参加抗洪抢险。

四、防汛抢险技术培训

（一）防汛抢险技术的培训

防汛抢险技术的培训是防汛准备的一项重要内容，除利用广播、电视、报纸和互联网等媒体普及抢险常识外，对各类人员应分层次、有计划、有组织地进行技术培训。其主要包括专业防汛队伍的培训、群防队伍的技术培训、防汛指挥人员的培训等。

1. 培训的方式

（1）采取分级负责的原则，由各级防汛指挥机构统一组织培训。

（2）培训工作应做到合理规范课程、考核严格、分类指导，保证培训工作质量。

（3）培训工作应结合实际，采取多种组织形式，定期与不定期相结合，每年汛前至少组织一次培训。

2. 专业防汛队伍的培训

对专业技术人员应举办一些抢险技术研讨班，请有实践经验的专家传授抢险技术，并通过实战演习和抢险实践提高抢险技术水平。对专业抢险队的干部和队员，每年汛前要举办抢险技术学习班，进行轮训，集中学习防汛抢险知识，并进行模拟演习，利用旧堤、旧坝或其他适合的地形条件进行实际操作，提高抗洪抢险能力。

3. 群防队伍的技术培训

对群防队伍一般采取两种办法：一是举办短期培训班，进入汛期后，在地方（县）防汛指挥部的组织领导下，由地方（县）人民武装部和水利管理部门召集常备队队长、抢险队队长集中培训，时间一般为3~5d，也可采用实地演习的办法进行培训；二是群众性的学习，一般基层管理单位的工程技术人员和常备队队长、抢险队队长分别到各村向群众宣讲防汛抢险常识，并辅以抢险挂图和模型、幻灯片、看录像等方式进行直观教学，便于群众领会掌握。

4. 防汛指挥人员的培训

应举办由防汛指挥人员、防汛指挥成员单位负责人参加的防汛抢险技术研讨班，重点学习和研讨防汛责任制、水文气象知识、防汛抢险预案、防洪工程基本情况、抗洪抢险技术知识等，使防汛抢险指挥人员能够科学决策、指挥得当。

（二）防汛抢险演习

为贯彻“以防为主，全力抢险”的防汛工作方针，强化防汛抢险队伍建设，各级防汛抗旱指挥机构应定期举行不同类型的应急演习，以检验、改善和强化应急准备和应急响应能力；专业抢险队伍必须针对当地易发生的各类险情有针对性地每年进行抗洪抢险演习；多个部门联合进行的专业演习，一般 2~3 年举行一次，由省级防汛指挥机构负责组织。

防汛抢险演习主要包括现场演练、岗位练兵、模拟演练等，是根据各地方的防汛需要和实际情况进行，一般内容如下：

1. 现场模拟堤防漫溢、管涌、裂缝等险情，以及供电系统故障、落水人员遇险等。

2. 险情识别、抢护办法、报险、巡堤查险、抢险组织、各种打桩方法。

3. 进行水上队列操练、冲锋舟水流湍急救援、游船紧急避风演练、某村群众遇险施救、个别群众遇险施救、群众转移等项目演习。

4. 水库正常洪水调度、非常洪水预报调度、超标准洪水应急响应、提闸泄洪演练。

5. 泵站紧急强排水演练、供电故障排除演练。

6. 堤防工程的水下险情探测、抛石护坡、管涌抢护、裂缝处理、决口堵复抢险等。

通过各种仿真联合演习，进一步提高地方防汛抢险队伍互动配合能力，提高抢险队员抢险救灾的技巧，积累应急抢险救灾的经验，增强抢险救灾人员的快速反应和防汛抢险救灾技能，提高抗洪抢险的实战能力。

第四节 防汛工作流程

防汛工作是一项常年任务，当年防汛工作的结束，就是次年防汛工作的开始。防汛工作大体可分为汛前准备、汛期工作和汛后工作三个部分。

一、汛前准备

每年汛前，在各级防汛指挥部门领导下做好各项防汛准备是夺取防汛抗洪斗争胜利的基础。汛前主要的准备工作有以下几项：

（一）思想准备

通过召开防汛工作会议，新闻媒体广泛宣传防汛抗洪的有关方针政策，以及本地区特殊的多灾自然条件特点，充分强调做好防汛工作的重要性和必要性，克服麻痹侥幸心理，树立“防重于抢”的思想，做好防大汛、抢大险、抗大灾的思想准备。

（二）组织准备

建立健全防汛指挥机构和常设办事机构，实行以行政首长负责制为核心的分级管理责任制、分包工程责任制、岗位责任制、技术责任制、值班工作责任制等。落实专业性和群众性的防汛抢险队伍。

（三）防御洪水方案准备

各级防汛指挥部门应根据上级防汛指挥机构制定的洪水调度方案，按照确保重点、兼顾一般的原则，结合水利工程规划及实际情况，制定出本地区水利工程调度方案及防御洪水方案，并报上级批准执行。所有水利工程管理单位也都要根据本地区水利工程调度方案，结合工程规划设计和实际情况，在兴利服从防洪、确保安全的前提下，由管理单位制定工程调度运用方案，并报上级批准执行。有防洪任务的城镇、工矿、交通以及其他企业，也应根据流域或地方的防御洪水方案，制定本部门或本单位的防御洪水方案，并报上级批准执行。

（四）工程准备

各类水利工程设施是防汛抗洪的重要物质基础。由于受大自然和人类活动的影响，水利工程的工作状况会发生变化，抗洪能力会有所削弱，如汛前未能及时发现和处理，一旦汛期情况突变，往往会造成大的损失。因此，每年汛前要对各类防洪工程进行全面的检查，以便及时发现薄弱环节，采取措施，消除隐患。对于影响安全的问题，要及时加以处理，使工程保持良好状态；对于一时难以处理的问题，要制定安全度汛方案，确保水利工程安全度汛。

（五）气象与水文工作准备

气象部门和水文部门应按防汛部门要求提供气象信息和水文情报。水文部门要检查各报汛站点的测报设施和通信设施，确保测得准、报得出、报得及时。

（六）防汛通信设施准备

通信联络是防汛工作的生命线，通信部门要保证在汛期能及时传递防汛信息和防汛指令。各级防汛部门间的专用通信网络要畅通，并要完善与主要堤段、水库、滞蓄洪区及有关重点防汛地区的通信联络。

（七）防汛物资和器材准备

防汛物资实行分级负担、分级储备、分级使用、分级管理、统筹调度的原则。省级储备物资主要用于补助流域性防洪工程的防汛抢险，市、县级储备物资主要用于本行政区域内防洪工程的防汛抢险。有防汛抗洪任务的乡镇和单位应储备必要的防汛物资，主要用于本地和本单位防汛抢险，并服从当地防汛指挥部的统一调度。常用的防汛物资和器材有：块石、编织袋、麻袋、土工布、土、砂、碎石、块石、水泥、木材、钢材、铅丝、油布、绳索、炸药、挖抬工具、照明设备、备用电源、运输工具、报警设备等。应根据工程的规模以及可能发生的险情和抢护方法对上述物资器材做一定数量的储备，以备急用。

（八）行蓄滞洪区运用准备

对已确定的行蓄滞洪区，各级防汛指挥部门要对区内的安全建设、通信、道路、预警、救生设施和居民撤离安置方案等进行检查并落实。

二、防汛责任制度

各级防汛指挥部门要建立健全分级管理责任制、分包工程责任制、岗位责任制、技术责任制、值班工作责任制。

（一）分级管理责任制

根据水系以及堤防、闸坝、水库等防洪工程所处的行政区域、工程等级和重要程度以及防洪标准等，确定省、市、县各级管理运用、指挥调度的权限责任，实行分级管理、分级负责、分级调度。

（二）分包工程责任制

为确保重点地区和主要防洪工程的度汛安全，各级政府行政负责人和防汛指挥部领导成员实行分包工程责任制。例如分包水库、分包河道堤段、分包蓄滞洪区、分包地区等。

（三）岗位责任制

汛期管好用好水利工程，特别是防洪工程，对减少灾害损失至关重要。工程管理单位的业务部门和管理人员以及护堤员、巡逻人员、抢险人员等要制定岗位责任制，明确任务和要求，定岗定责，落实到人。岗位责任制的范围、内容、责任等，都要做出明文规定，严格考核。

（四）技术责任制

在防汛抢险中要充分发挥技术人员的技术专长，实现优化调度，科学抢险，提高防汛指挥的准确性和可行性。预测预报、制定调度方案、评价工程抗洪能力、采取抢险措施等有关防汛技术问题，应由各专业技术人员负责，建立技术责任制。

（五）值班工作责任制

汛期容易突然发生暴雨洪水、台风等灾害，而且防洪工程设施在自然环境下运行，也会出现异常现象。为预防不测，各级防汛机构均应建立防汛值班制度，使防汛机构及时掌握和传递汛情，加强上下联系，多方协调，充分发挥枢纽作用。汛期值班人员的主要责任如下：

1. 了解掌握汛情。汛情一般包括雨情、水情、工情、灾情。

2. 按时报告、请示、传达。按照报告制度，对于重大汛情及灾情要及时向上级汇报；对于需要采取的防洪措施要及时请示批准执行；对于授权传达的指挥调度命令及意见，要及时准确传达。

3. 熟悉所辖地区的防汛基本资料和主要防洪工程的防御洪水方案的调度计划，对所发生的各种类型洪水要根据有关资料进行分析研究。

4. 对发生的重大汛情等要整理好值班记录，以备查阅并归档保存。

5. 严格执行交接班制度，认真履行交接班手续。

6. 做好保密工作，严守机密。

三、汛期巡查

汛前对防洪工程进行全面仔细的检查，对险工、险段、险点部位进行登记。汛期或水位较高时，要加强巡检查险工作，必须实行昼夜值班制度。检查一般分为日常巡查和重点检查。

（一）日常巡查

日常巡查即要对可能发生险情的区域进行普遍的查看，做到“徒步拉网式”巡查，不漏疑点。要把对工程的定时检查与不定时巡查结合起来，做到“三加强、三统一”。即加强责任心，统一领导，任务落实到人；加强技术指导，统一填写检查记录的格式，如记述出现险情的时间、地点、类别，绘制草图，同时记录水位和天气情况等有关资料，必要时应进行测图、摄影和录像，甚至立即采取应急措施，并同时报上一级防汛指挥部；加强抢险意识，统一巡查范围、内容和报警方法。

（二）重点检查

重点检查即重点对汛前调查资料中所反映出来的险工、险段，以及水毁工程修复情况进行检查。重点检查要认真细致，特别注意发生的异常现象，科学分析和判断，若为险情，要及时采取措施，组织抢险，并按程序及时上报。

（三）检查的范围

检查的范围包括堤坝主体工程、堤（河）岸，背水面工程压浸台，距背水坡脚一定范围内的水塘、洼地和水井，以及与工程相接的各种交叉建筑物。检查的主要内容包括是否有裂缝、滑坡、跌窝、洞穴、渗水、塌岸、管涌（泡泉）、漏洞等险情发生。

（四）检查的要求

检查必须注意“五时”，做到“四勤”“三清”“三快”。

1. 五时

五时即黎明时、吃饭时、换班时、黑夜时、狂风暴雨交加时，这些时候往往最容易疏忽忙乱，注意力不集中，险情不易判查，容易被遗漏，特别是对已经处理过的险情和隐患，更要注意复查，提高警惕。

2. 四勤

四勤即勤看、勤听、勤走、勤做。

3. 三清

三清即险情要查清、信号要记清、报告要说清。

4. 三快

三快即发现险情要快，处理险情要快，报告险情要快。

以上几点即要求及时发现险情，分析原因，小险迅速处理，防止发展扩大，重大险情立即报告，尽快处理，避免溃决失事，造成严重灾害。

（五）巡查的基本方法

巡查的主要目的是发现险情，巡查人必须做到认真、细致。巡查时的主要方法也很简单，可概括为“看、听、摸、问”四个字。

1. 看

主要查看工程外观是否与正常状态出现差异。要查看工程表面是否出现缝隙，是否发生塌陷坑洞，坡面是否出现滑挫等现象；要查看迎水面是否有漩涡产生，迎水坡是否有垮塌；要查看背水坡是否有较大面积湿润、背水坡和背水面地表是否有水流出，背水面渠道、洼地、水塘里是否有翻水现象，水面是否变浑浊。

2. 听

仔细辨析工程周围的声音，如迎水面是否有形成漩涡产生的嗡嗡声、背水坡脚是否有水流的潺潺声、穿堤建筑物下是否有射流形成的哗哗声。

3. 摸

当发现背水坡有渗水、冒水现象时，用手感觉水温，如果水温明显低于常温，则表示该水来自外江水，此处必为险情；用手感觉穿堤建筑物闸门启闭机是否存在震动，如果是，则闸门下可能存在漏水等险情。

4. 问

因地质条件等原因，有时险情发生的范围远超出一般检查区域，因此，要问询附近居民，农田中是否发生冒水、水井是否出现浑浊现象等。

四、汛后工作

汛期高水位时水利工程局部特别是险工、险段处或多或少会发生一些损坏，这些损坏处在水下不易被发现。但经历完一个汛期，汛后退水期间，这些水毁处将逐渐暴露出来，有时因退水较快，还可能出现临水坡岸崩塌等新的险情。为全面摸清水利工程险工隐患，调查水利工程的薄弱环节，必须开展汛后检查工作。汛后检查工作，应包括以下几个方面的内容：

（一）工程检查

一是要重点检查汛期出险部位的状况；二是要对水利工程进行一次全面的普查，特别是重点险工和险段处；三是要做好通信及水文设施的检查工作。详细记录险情部位的相关资料，分析险情产生的原因，形成险情处置建议方案。

（二）防汛预案和调度方案修订

比对实施的防汛预案和调度方案，结合汛期实际操作情况，完善和修订下年度的防汛预案和调度方案。

（三）汛情总结

全面总结汛期各方面工作，包括当年洪水特征、洪涝灾害情况、形成原因、发生与发展过程等，发生险情情况、应急抢护措施、洪水调度情况、救灾中的成功经验与教训等。

（四）工程修复

结合秋冬水利建设项目制定水毁工程整险修复方案，安排或申报整险修复工程计划，在翌年汛前完成整险修复工程任务。

（五）其他工作

其他各方面的工作，如清点核查防汛物资，对防汛抢险所耗用和过期变质失效的物料、器材及时办理核销手续，并增储补足。

第六章　水利工程质量管理

水利工程施工时，因其位置险要，在施工管理中应当着重加强质量管理，严格按照相关质量要求进行管理把控，保障后期水利工程的使用。本章主要介绍水利工程的质量管理技术。

第一节　水利工程质量管理规定

一、工程质量监督管理

1. 政府对水利工程的质量实行监督的制度。

水利工程按照分级管理的原则由相应水行政主管部门授权的质量监督机构实施质量监督。

2. 水利工程质量监督机构，必须按照水利部有关规定设立，经省级以上水行政主管部门资质审查合格，方可承担水利工程的质量监督工作。

各级水利工程质量监督机构，必须建立健全质量监督工作机制，完善监督手段，增强质量监督的权威性和有效性。

各级水利工程质量监督机构，要加强对贯彻执行国家和水利部有关质量法规、规范情况的检查，坚决查处有法不依、执法不严、违法不究以及滥用职权的行为。

3. 水利部水利工程质量监督机构负责对流域机构、省级水利工程质量监督机构和水利工程质量检测单位进行统一规划、管理和资质审查。

各省、自治区、直辖市设立的水利工程质量监督机构负责本行政区域内省级以下水利工程质量监督机构和水利工程质量检测单位统一规划管理和资质审查。

4. 水利工程质量监督机构负责监督设计、监理、施工单位在其资质等级允许范围内从事水利工程建设的质量工作；负责检查督促建设、监理、设计、施工单位建立健全质量体系。

水利工程质量监督机构，按照国家和水利行业有关工程建设法规技术标准和设计文件实施工程质量监督，对施工现场影响工程质量的行为进行监督检查。

5. 水利工程质量监督实施以抽查为主的监督方式，运用法律和行政手段，做好监督抽查后的处理工作。工程竣工验收时，质量监督机构应对工程质量等级进行核定。

未经质量核定或核定不合格的工程，施工单位不得交验，工程主管部门不能验收，工程不得投入使用。

6. 根据需要，质量监督机构可委托经计量认证合格的检测单位，对水利工程有关部位以及所采用的建筑材料和工程设备进行抽样检测。

水利部水利工程质量监督机构认定的水利工程质量检测机构出具的数据是全国水利系统的最终检测。

各省级水利工程质量监督机构认定的水利工程质量检测机构所出具的检测数据是本行政区域内水利系统的最高检测。

二、项目法人（建设单位）质量管理

1. 项目法人（建设单位）应根据国家和水利部有关规定依法设立，主动接受水利工程质量监督机构对其质量体系的监督检查。

2. 项目法人（建设单位）应根据工程规模和工程特点，按照水利部有关规定，通过资质审查招标选择勘测设计施工、监理单位并实行合同管理。

在合同文件中，必须有工程质量条款，明确图纸、资料、工程、材料、设备等的质量标准及合同双方的质量责任。

3. 项目法人（建设单位）要加强工程质量管理，建立健全施工质量检查体系，根据工程特点建立质量管理机构和质量管理制度。

4. 项目法人（建设单位）在工程开工前，应按规定向水利工程质量监督机构办理工程质量监督手续。在工程施工过程中，应主动接受质量监督机构对工程质量的监督检查。

5. 项目法人（建设单位）应组织设计和施工单位进行设计交底；施工中应对工程质量进行检查，工程完工后，应及时组织有关单位进行工程质量验收、签证。

三、监理单位质量管理

1. 监理单位必须持有水利部颁发的监理单位资格等级证书，依照核定的监理范围承担相应水利工程的监理任务。监理单位必须接受水利工程质量监督机构对其监理资格质量检查体系及质量监理工作的监督检查。

2. 监理单位必须严格执行国家法律、水利行业法规技术标准，严格履行监理合同。

3. 监理单位根据所承担的监理任务向水利工程施工现场派出相应的监理机构，人员配备必须满足项目要求。监理工程师上岗必须持有水利部颁发的监理工程师岗位证书，一般监理人员上岗要经过岗前培训。

4. 监理单位应根据监理合同参与招标工作，从保证工程质量全面履行工程承建合同出发，签发施工图纸；审查施工单位的施工组织设计和技术措施；指导监督合同中有关质量标准、要求的实施；参加工程质量检查、工程质量事故调查处理和工程验收工作。

四、设计单位质量管理

1. 设计单位必须按其资质等级及业务范围承担勘测设计任务，并应主动接受水利工程质量监督机构对其资质等级及质量体系的监督检查。

2. 设计单位必须建立健全设计质量保证体系，加强设计过程质量控制，健全设计文件的审核、会签批准制度，做好设计文件的技术交底工作。

3. 设计文件必须符合下列基本要求：

（1）设计文件应当符合国家、水利行业有关工程建设法规，工程勘测设计技术规程、标准和合同的要求。

（2）设计依据的基本资料应完整、准确、可靠，设计论证充分，计算成果可靠。

（3）设计文件的深度应满足相应设计阶段有关规定要求，设计质量必须满足工程质量安全需要，并符合设计规范的要求。

4. 设计单位应按合同规定及时提供设计文件及施工图纸，在施工过程中要随时掌握施工现场情况，优化设计，解决有关设计问题。对大中型工程，设计单位应按合同规定在施工现场设立设计代表机构或派驻设计代表。

5. 设计单位应按水利部有关规定在阶段验收、单位工程验收和竣工验收中，对施工质量是否满足设计要求提出评价意见。

五、施工单位质量管理

1. 施工单位必须按其资质等级和业务范围承揽工程施工任务，接受水利工程质量监督机构对其资质和质量保证体系的监督检查。

2. 施工单位必须依据国家水利行业有关工程建设法规技术规程、技术标准的规定以及设计文件和施工合同的要求进行施工，并对其施工的工程质量负责。

3. 施工单位不得将其承接的水利建设项目的主体工程进行转包。对工程的分包，分包单位必须具备相应资质等级，并对其分包工程的施工质量向总包单位负责，总包单位对全部工程质量向项目法人（建设单位）负责。工程分包必须经过项目法人（建设单位）的认可。

4. 施工单位要推行全面质量管理，建立健全质量保证体系，制定和完善岗位质量规范、质量责任及考核办法，落实质量责任制。在施工过程中要加强质量检验工作，认真执行“三检制”，切实做好工程质量的全过程控制。

5. 工程发生质量事故，施工单位必须按照有关规定向监理单位、项目法人（建设单位）及有关部门报告，并保护好现场接受工程质量事故调查，认真进行事故处理。

6. 竣工工程质量必须符合国家和水利行业现行的工程标准及设计文件要求，并应向项目法人（建设单位）提交完整的技术档案、试验成果及有关资料。

六、建筑材料、设备采购的质量管理和工程保修

1. 建筑材料和工程设备的质量由采购单位承担相应责任。凡进入施工现场的建筑材料和工程设备均应按有关规定进行检验。经检验不合格的产品不得用于工程。

2. 建筑材料和工程设备的采购单位具有按合同规定自主采购的权利，其他单位或个人不得干预。

3. 建筑材料或工程设备应当符合下列要求：有产品质量检验合格证明；有中文标明的产品名称、生产厂名和厂址；产品包装和商标式样符合国家有关规定和标准要求；工程设备应有产品详细的使用说明书，电气设备还应附有线路图；实施生产许可证或实行质量认证的产品，应当具有相应的许可证或认证证书。

4. 水利工程保修期从工程移交证书写明的工程完工起一般不少于一年。有特殊要求的工程，其保修期限在合同中规定。

工程质量出现永久性缺陷的，承担责任的期限不受以上保修期限制。

5. 水利工程在规定的保修期内，出现工程质量问题，一般由原施工单位承担保修，所需费用由责任方承担。

第二节　水利工程质量监督管理规定

一、质量监督

1. 水利工程建设项目质量监督方式以抽查为主。大型水利工程应建立质量监督项目站，中、小型水利工程可根据需要建立质量监督项目站（组），或进行巡回监督。

2. 从工程开工前办理质量监督手续始，到工程竣工验收委员会同意工程交付使用止，为水利工程建设项目的质量监督期（含合同质量保修期）。

3. 项目法人（或建设单位）应在工程开工前到相应的水利工程质量监督机构办理监督手续，签订《水利工程质量监督书》，并按规定缴纳质量监督费，同时提交以下材料：工程项目建设审批文件；项目法人（或建设单位）与监理、设计、施工单位签订的合同（或协议）副本；建设监理、设计施工等单位的基本情况和工程质量管理组织情况等资料。

4. 质量监督机构根据受监督工程的规模、重要性等，制订质量监督计划，确定质量监督的组织形式。在工程施工中，根据本规定对工程项目实施质量监督。

5. 工程质量监督的主要内容为：

（1）对监理、设计、施工和有关产品制作单位的资质进行复核。

（2）对建设、监理单位的质量检查体系和施工单位的质量保证体系以及设计单位现场

服务等实施监督检查。

（3）对工程项目的单位工程分部工程、单元工程的划分进行监督检查。

（4）监督检查技术规程、规范和质量标准的执行情况。

（5）检查施工单位和建设、监理单位对工程质量检验和质量评定情况。

（6）在工程竣工验收前，对工程质量进行等级核定，编制工程质量评定报告，并向工程竣工验收委员会提出工程质量等级的建议。

6. 工程质量监督权限如下：

（1）对监理、设计、施工等单位的资质等级、经营范围进行核查，发现越级承包工程等不符合规定要求的，责成建设单位限期改正，并向水行政主管部门报告。

（2）质量监督人员需持“水利工程质量监督员证”进入施工现场执行质量监督。对工程有关部位进行检查，调阅建设、监理和施工单位的检测试验成果，检查记录和施工记录。

（3）对违反技术规程、规范、质量标准或设计文件的施工单位，通知建设、监理单位采取纠正措施。问题严重时，可向水行政主管部门提出整顿的建议。

（4）对使用未经检验或检验不合格的建筑材料、构配件及设备等，责成建设单位采取措施纠正。

（5）提请有关部门奖励先进质量管理单位及个人。

（6）提请有关部门或司法机关追究造成重大工程质量事故的单位和个人的行政、经济、刑事责任。

二、质量检测

1. 工程质量检测是工程质量监督和质量检查的重要手段。水利工程质量检测单位，必须取得省级以上计量认证合格证书，并经水利工程质量监督机构授权，方可从事水利工程质量检测工作，检测人员必须持证上岗。

2. 质量监督机构根据工作需要，可委托水利工程质量检测单位承担以下主要任务：

（1）核查受监督工程参建单位的试验室装备、人员资质、试验方法及成果等。

（2）根据需要对工程质量进行抽样检测，提出检测报告。

（3）参与工程质量事故分析和研究处理方案。

（4）质量监督机构委托的其他任务。

3. 质量检测单位所出具的检测鉴定报告必须实事求是，数据准确可靠，并对出具的数据和报告负法律责任。

4. 工程质量检测实行有偿服务，检测费用由委托方支付。收费标准按有关规定确定。在处理工程质量争端时，产生的一切费用由责任方支付。

三、工程质量监督费

1. 项目法人（或建设单位）应向质量监督机构缴纳工程质量监督费。工程质量监督费属事业性收费。工程质量监督收费，根据国家计委等部门的有关文件规定，收费标准按水利工程所在地域确定。原则上，大城市按受监工程建筑安装工作量的 0.15%，中等城市按受监工程建筑安装工作量的 0.20%，小城市按受监工程建筑安装工作量的 0.25% 收取。城区以外的水利工程可比照小城市的收费标准适当提高。

2. 工程质量监督费由工程建设单位负责缴纳。大中型工程在办理监督手续时，应确定缴纳计划，每年按年度投资计划，年初一次性结清年度工程质量监督费。中小型水利工程在办理质量监督手续时交纳工程质量监督费的 50%，余额由质量监督部门根据工程进度收缴。

水利工程在工程竣工验收前必须缴清全部的工程质量监督费。

3. 质量监督费应用于质量监督工作的正常经费开支，不得挪作他用。其使用范围主要为：工程质量监督、检测开支以及必要的差旅费开支等。

第三节　工程质量管理的基本概念

水利水电工程项目的施工阶段是根据设计图纸和设计文件的要求，通过工程参建各方及其技术人员的劳动形成工程实体的阶段。这个阶段的质量控制无疑是极其重要的，其中心任务是通过建立健全有效的工程质量监督体系，确保工程质量达到合同规定的标准和等级要求。为此，在水利水电工程项目建设中，建立了质量管理的三个体系，即施工单位的质量保证体系建设（监理）单位的质量检查体系和政府部门的质量监督体系。

一、工程项目质量和质量控制的概念

（一）工程项目质量

质量是反映实体满足明确或隐含需要能力的特性总和。工程项目质量是国家现行的有关法律、法规技术标准，设计文件及工程承包合同对工程的安全适用、经济、美观等特征的综合要求。

从功能和使用价值来看，工程项目质量体现在适用性、可靠性、经济性、外观质量与环境协调等方面。由于工程项目是依据项目法人的需求而兴建的，故各工程项目的功能和使用价值的质量应满足不同项目法人的需求，并无一个统一的标准。

从工程项目质量的形成过程来看，工程项目质量包括工程建设各个阶段的质量，即可行性研究质量、工程决策质量、工程设计质量、工程施工质量、工程竣工验收质量。

工程项目质量具有两个方面的含义：一是指工程产品的特征性能，即工程产品质量；

二是指参与工程建设各方面的工作水平、组织管理等，即工作质量。工作质量包括社会工作质量和生产过程工作质量。社会工作质量主要是指社会调查、市场预测、维修服务等。

生产过程工作质量主要包括管理工作质量技术工作质量、后勤工作质量等，最终将反映在工序质量上，而工序质量，直接受人、原材料、机具设备、工艺及环境等五方面因素的影响。因此，工程项目质量是各环节、各方面工作质量的综合反映，而不是单纯靠质量检验查出来的。

（二）工程项目质量控制

质量控制是指为达到质量要求所采取的作业技术和活动，工程项目质量控制，实际上就是对工程在可行性研究勘测设计、施工准备、建设实施后期运行等各阶段、各环节、各因素的全过程、全方位的质量监督控制。工程项目质量有个产生、形成和实现的过程，控制这个过程中的各环节，以满足工程合同、设计文件、技术规范规定的质量标准。在我国的工程项目建设中，工程项目质量控制按其实施者的不同，包括如下三个方面。

1. 项目法人的质量控制

项目法人方面的质量控制，主要是委托监理单位依据国家的法律、规范、标准和工程建设的合同文件，对工程建设进行监督和管理。其特点是外部的、横向的、不间断的控制。

2. 政府方面的质量控制

政府方面的质量控制是通过政府的质量监督机构来实现的，其目的在于维护社会公共利益，保证技术性法规和标准的贯彻执行。其特点是外部的、纵向的、定期或不定期的抽查。

3. 承包人方面的质量控制

承包人主要是通过建立健全质量保证体系，加强工序质量管理，严格施行“三检制”（即初检、复检、终检），避免返工，提高生产效率等方式来进行质量控制。其特点是内部的、自身的、连续的控制。

二、工程项目质量的特点

建筑产品位置固定、生产流动性、项目单件性、生产一次性、受自然条件影响大等特点，决定了工程项目质量具有以下特点。

1. 影响因素多

影响工程质量的因素是多方面的，如人的因素机械因素、材料因素、方法因素、环境因素等均直接或间接地影响着工程质量。尤其是水利水电工程项目主体工程的建设，一般由多家承包单位共同完成，故其质量形式较为复杂，影响因素多。

2. 质量波动大

由于工程建设周期长，在建设过程中易受到系统因素及偶然因素的影响，产品质量产生波动。

3. 质量变异大

由于影响工程质量的因素较多，任何因素的变异，均会引起工程项目的质量变异。

4. 质量具有隐蔽性

由于工程项目实施过程中，工序交接多，中间产品多，隐蔽工程多，取样数量受到各种因素、条件的限制，出现错误判断的概率增大。

5. 终检局限性大

建筑产品位置固定等自身特点，使质量检验时不能解体、拆卸，所以在工程项目终检验收时难以发现工程内在的、隐蔽的质量缺陷。

此外，质量、进度和投资目标三者之间既对立又统一的关系，使工程质量受到投资进度的制约。因此，应针对工程质量的特点，严格控制质量，并将质量控制贯穿项目建设的全过程。

三、工程项目质量控制的任务

工程项目质量控制的任务就是根据国家现行的有关法规、技术标准和工程合同规定的工程建设各阶段质量目标，实施全过程的监督管理。由于工程建设各阶段的质量目标不同，因此需要分别确定各阶段的质量控制对象和任务。

（一）工程项目决策阶段质量控制的任务

1. 审核可行性研究报告是否符合国民经济发展的长远规划、国家经济建设的方针政策。

2. 审核可行性研究报告是否符合工程项目建议书或业主的要求。

3. 审核可行性研究报告是否具有可靠的基础资料和数据。

4. 审核可行性研究报告是否符合技术经济方面的规范标准和定额等指标。

5. 审核可行性研究报告的内容、深度和计算指标是否达到标准要求。

（二）工程项目设计阶段质量控制的任务

1. 审查设计基础资料的正确性和完整性。

2. 编制设计招标文件，组织设计方案竞赛。

3. 审查设计方案的先进性和合理性，确定最佳设计方案。

4. 督促设计单位完善质量保证体系，建立内部专业交底及专业会签制度。

5. 进行设计质量跟踪检查，控制设计图纸的质量。在初步设计和技术设计阶段，主要检查生产工艺及设备的选型，总平面布置建筑与设施的布置，采用的设计标准和主要技术参数；在施工图设计阶段，主要检查计算是否有错误，选用的材料和做法是否合理，标注的各部分设计标高和尺寸是否有错误，各专业设计之间是否有矛盾等。

（三）工程项目施工阶段质量控制的任务

施工阶段质量控制是工程项目全过程质量控制的关键环节。根据工程质量形成的时间，施工阶段的质量控制又可分为质量的事前控制、事中控制和事后控制，其中事前控制为重点。

1. 事前控制

（1）审查承包商及分包商的技术资质。

（2）协助承建商完善质量体系，包括完善计量及质量检测技术和手段等，同时对承包商的实验室资质进行考核。

（3）督促承包商完善现场质量管理制度，包括现场会议制度、现场质量检验制度、质量统计报表制度和质量事故报告及处理制度等。

（4）与当地质量监督站联系，争取其配合、支持和帮助。

（5）组织设计交底和图纸会审，对某些工程部位应下达质量要求标准。

（6）审查承包商提交的施工组织设计，保证工程质量具有可靠的技术措施。审核工程中采用的新材料、新结构、新工艺、新技术的技术鉴定书；对工程质量有重大影响的施工机械、设备，应审核其技术性能报告。

（7）对工程所需原材料、构配件的质量进行检查与控制。

（8）对于永久性生产设备或装置，应按审批同意的设计图纸组织采购或订货，到场后进行检查验收。

（9）对施工场地进行检查验收。检查施工场地的测量标桩、建筑物的定位放线以及高程水准点，重要工程还应复核，落实现场障碍物的清理、拆除等。

（10）把好开工关。对现场各项准备工作检查合格后，方可发开工令；对于停工的工程，未发复工令者不得复工。

2. 事中控制

（1）督促承包商完善工序控制措施。工程质量是在工序中产生的，工序控制对工程质量起着决定性的作用。应把影响工序质量的因素都纳入控制状态中，建立质量管理点，及时检查和审核承包商提交的质量统计分析资料和质量控制图表。

（2）严格工序交接检查。主要工作作业包括隐蔽作业需按有关验收规定经检查验收后，方可进行下一工序的施工。

（3）重要的工程部位或专业工程（如混凝土工程）要做试验或技术复核。

（4）审查质量事故处理方案，并对处理效果进行检查。

（5）对完成的分项分部工程，按相应的质量评定标准和办法进行检查验收。

（6）审核设计变更和图纸修改。

（7）按合同行使质量监督权和质量否决权。

（8）组织定期或不定期的质量现场会议，及时分析、通报工程质量状况。

3. 事后控制

（1）审核承包商提供的质量检验报告及有关技术性文件。

（2）审核承包商提交的竣工图。

（3）组织联动试车。

（4）按规定的质量评定标准和办法，进行检查验收。

（5）组织项目竣工总验收。

（6）整理有关工程项目质量的技术文件，并编目、建档。

4. 工程项目保修阶段质量控制的任务

（1）审核承包商的工程保修书。

（2）检查、鉴定工程质量状况和工程使用情况。

（3）对出现的质量缺陷，确定其责任者。

（4）督促承包商修复缺陷。

（5）在保修期结束后，检查工程保修状况，移交保修资料。

第四节　质量体系建立与运行

一、施工阶段的质量控制

（一）质量控制的依据

施工阶段的质量管理及质量控制的依据，大体上可分为两类，即共同性依据及专门技术法规性依据。

共同性依据是指那些适用于工程项目施工阶段，与质量控制有关的，具有普遍指导意义和必须遵守的基本文件。主要有工程承包合同文件、设计文件，国家和行业现行的有关质量管理方面的法律、法规文件。

工程承包合同中分别规定了参与施工建设的各方在质量控制方面的权利和义务，并据此对工程质量进行监督和控制。

有关质量检验与控制的专门技术法规性依据是指针对不同行业、不同质量控制对象而制定的技术法规性的文件，主要包括：

1. 已批准的施工组织设计。它是承包单位进行施工准备和指导现场施工的规划性、指导性文件，详细规定了工程施工的现场布置，人员设备的配置，作业要求，施工工序和工艺，技术保证措施，质量检查方法和技术标准等，是进行质量控制的重要依据。

2. 合同中引用的国家和行业的现行施工操作技术规范、施工工艺规程及验收规范。它是维护正常施工的准则，与工程质量密切相关，必须严格遵守执行。

3. 合同中引用的有关原材料、半成品、配件方面的质量依据。如水泥、钢材、骨料等有关产品技术标准；水泥、骨料、钢材等有关检验、取样方法的技术标准；有关材料验收、包装、标志的技术标准。

4. 制造厂提供的设备安装说明书和有关技术标准。这是施工安装承包人进行设备安装必须遵循的重要技术文件，也是检查和控制质量的依据。

（二）质量控制的方法

施工过程中的质量控制方法主要有旁站检查、测量、试验等。

1. 旁站检查

旁站是指有关管理人员对重要工序（质量控制点）的施工所进行的现场监督和检查，以避免质量事故的发生。旁站也是驻地监理人员的一种主要现场检查形式。根据工程施工难度及复杂性，可采用全过程旁站、部分时间旁站两种方式。对容易产生缺陷的部位，或产生了缺陷难以补救的部位，以及隐蔽工程，应加强旁站检查。主动在旁站检查中，必须检查承包人在施工中所用的设备、材料及混合料是否符合已批准的文件要求，检查施工方案、施工工艺是否符合相应的技术规范。

2. 测量

测量是对建筑物的尺寸控制的重要手段。应对施工放样及高程控制进行核查，不合格者不准开工。对模板工程、已完工程的几何尺寸、高程、宽度、厚度、坡度等质量指标，按规定要求进行测量验收，不符合规定要求的需进行返工。测量记录，均要事先经工程师审核签字后方可使用。

3. 试验

试验是工程师确定各种材料和建筑物内在质量是否合格的重要方法。所有工程使用的材料，都必须事先经过材料试验，质量必须满足产品标准，并经工程师检查批准后，方可使用。材料试验包括水源、粗骨料、沥青、土工织物等各种原材料，不同等级混凝土的配合比试验，外购材料及成品质量证明和必要的试验鉴定，仪器设备的校调试验，加工后的成品强度及耐用性检验，工程检查等。没有试验数据的工程不予验收。

（三）工序质量监控

1. 工序质量监控的内容

工序质量控制主要包括对工序活动条件的监控和对工序活动效果的监控。

（1）工序活动条件的监控

所谓工序活动条件监控，就是指对影响工程生产因素进行的控制。工序活动条件的控制是工序质量控制的手段。尽管在开工前对生产活动条件已进行初步控制，但在工序活动中有的条件还会发生变化，使其基本性能达不到检验指标，这正是生产过程产生质量不稳定的重要原因。因此，只有对工序活动条件进行控制，才能实现对工程或产品的质量性能特性指标的控制。工序活动条件包括的因素较多，要通过分析，分清影响工序质量的主要因素，抓住主要矛盾，逐渐予以调节，以达到质量控制的目的。

（2）工序活动效果的监控

工序活动效果的监控主要反映在对工序产品质量性能的特征指标的控制上。通过对工序活动的产品采取一定的检测手段进行检验，根据检验结果分析，判断该工序活动的质量效果，从而实现对工序质量的控制，其步骤如下：首先是工序活动前的控制，主要要求人、材料、机械、方法或工艺、环境能满足要求；其次采用必要的手段和工具，对抽出的工序子样进行质量检验；再次应用质量统计分析工具（如直方图、控制图、排列图等）对检验所得的数据进行分析，找出这些质量数据所遵循的规律，根据质量数据分布规律的结果，判断质量是否正常；然后，若出现异常情况，寻找原因，找出影响工序质量的因素，尤其是那些主要因素，采取对策和措施进行调整；最后再重复前面的步骤，检查调整效果，直到满足要求，这样便可达到控制工序质量的目的。

2. 工序质量监控实施要点

对工序活动质量监控，首先应确定质量控制计划，它是以完善的质量监控体系和质量检查制度为基础。一方面，工序质量控制计划要明确规定质量监控的工作程序、流程和质量检查制度；另一方面，需进行工序分析，在影响工序质量的因素中，找出对工序质量产生影响的重要因素，进行主动的、预防性的重点控制。例如，在振捣混凝土这一工序中，振捣的插点和振捣时间是影响质量的主要因素，为此，应加强现场监督并要求施工单位严格予以控制。

同时，在整个施工活动中，应采取连续的动态跟踪控制，通过对工序产品的抽样检验，判定其产品的质量波动状态，若工序活动处于异常状态，则应查出影响质量的原因，采取措施排除系统性因素的干扰，使工序活动恢复到正常状态，从而保证工序活动及产品质量。此外，为确保工程质量，应在工序活动过程中设置质量控制点，进行预控。

3. 质量控制点的设置

质量控制点的设置是进行工序质量预防控制的有效措施。质量控制点是指为保证工程质量而必须控制的重点工序、关键部位、薄弱环节。应在施工前，全面、合理地选择质量控制点，并对设置质量控制点的情况及拟采取的控制措施进行审核。必要时，应对质量控制实施过程进行跟踪检查或旁站监督，以确保质量控制点的施工质量。

设置质量控制点的对象，主要有以下几方面：

（1）关键的分项工程。如大体积混凝土工程，土石坝工程的坝体填筑，隧洞开挖工程等。

（2）关键的工程部位。如混凝土面板堆石坝面板趾板及周边缝的接缝，土基上水闸的地基基础，预制框架结构的梁板节点，关键设备的设备基础等。

（3）薄弱环节。指经常发生或容易发生质量问题的环节，或承包人无法把握的环节，或采用新工艺（材料）施工的环节等。

（4）关键工序。如钢筋混凝土工程的混凝土振捣，灌注桩钻孔，隧洞开挖的钻孔布置、方向、深度用药量和填塞等。

（5）关键工序的关键质量特性。如混凝土的强度耐久性，土石坝的干容重、黏性土的含水率等。

（6）关键质量特性的关键因素。如冬季混凝土强度的关键因素是环境（养护温度），支模的关键因素是支撑方法，泵送混凝土输送质量的关键因素是机械，墙体垂直度的关键因素是人等。

4. 见证点、停止点的概念

在工程项目实施控制中，通常是由承包人在分项工程施工前制定施工计划时，就选定设置控制点，并在相应的质量计划中进一步明确哪些是见证点，哪些是停止点。所谓见证点和停止点是国际上对于重要程度不同及监督控制要求不同的质量控制对象的一种区分方式。见证点监督也被称为 W 点监督。凡是被列为见证点的质量控制对象，在规定的控制点施工前，施工单位应提前 24 h 通知监理人员在约定的时间内到现场进行见证并实施监督。如监理人员未按约定到场，施工单位有权对该点进行相应的操作和施工。停止点也被称为待检查点或 H 点，它的重要性高于见证点，是针对那些由于施工过程或工序施工质量不易或不能通过其后的检验和试验而充分得到论证的“特殊过程”或“特殊工序”而言的。凡被列入停止点的控制点，要求必须在该控制点来临 24 h 之前通知监理人员到场实验监控，如监理人员未能在约定时间内到达现场，施工单位应停止该控制点的施工，并按合同规定等待监理方，未经认可不能超过该点继续施工，如水闸闸墩混凝土结构在钢筋架立后，混凝土浇筑之前，可设置停止点。

在施工过程中，应加强旁站和现场巡查的监督检查；严格实施隐蔽式工程工序间交接检查验收、工程施工预检等检查监督；严格执行对成品保护的质量检查。只有这样才能及早发现问题，及时纠正，防患于未然，确保工程质量，避免工程质量事故。

为了对施工期间的各分部、分项工程的各工序质量实施严密细致和有效的监督、控制，应认真地填写跟踪档案，即施工和安装记录。

二、全面质量管理

全面质量管理（TQM）是企业管理的中心环节，是企业管理的纲，它和企业的经营目标是一致的。这就是要求将企业的生产经营管理和质量管理有机地结合起来。

全面质量管理是以组织全员参与为基础的质量管理模式，它代表了质量管理的最新阶段，最早起源于美国，菲根堡姆指出：全面质量管理是为了能够在最经济的水平上，并充分考虑到满足用户的要求的条件下进行市场研究、设计（生产和服务，把企业内各部门研制质量，维持质量和提高质量的活动构成为一体的一种有效体系。他的理论经过世界各国的继承和发展，得到进一步的扩展和深化。

（一）全面质量管理的基本要求

1. 全过程的管理

任何一个工程（和产品）的质量，都有一个产生形成和实现的过程；整个过程是由多个相互联系、相互影响的环节所组成的，每一环节都或重或轻地影响着最终的质量状况。

因此，要搞好工程质量管理，必须把形成质量的全过程和有关因素控制起来，形成一个综合的管理体系，做到以防为主，防检结合，重在提高。

2. 全员的质量管理

工程（产品）的质量是企业各方面、各部门、各环节工作质量的反映。每一环节，每一个人的工作质量都会不同程度地影响着工程（产品）最终质量。工程质量人人有责，只有人人都关心工程的质量，做好本职工作，才能生产出质量好的工程。

3. 全企业的质量管理

全企业的质量管理一方面要求企业各管理层次都要有明确的质量管理内容，各层次的侧重点要突出，每个部门应有自己的质量计划、质量目标和对策，层层控制；另一方面就是要把分散在各部门的质量职能发挥出来。如水利水电工程中的“三检制”，就充分反映了这一观点。

4. 多方法的管理，

影响工程质量的因素越来越复杂：既有物质的因素，又有人为的因素；既有技术因素，又有管理因素；既有内部因素，又有企业外部因素。要搞好工程质量，就必须把这些影响因素控制起来，分析它们对工程质量的不同影响。灵活运用各种现代化管理方法来解决工程质量问题。

（二）全面质量管理的工作原则

1. 预防原则

在企业的质量管理工作中，要认真贯彻预防为主的原则，凡事要防患于未然。在产品制造阶段应该采用科学方法对生产过程进行控制，尽量把不合格品消灭在发生之前。在产品的检验阶段，不论是对最终产品或是在制品，都要把质量信息及时反馈并认真处理。

2. 经济原则

全面质量管理强调质量，但无论质量保证的水平或预防不合格的深度都是没有止境的，必须考虑经济性，建立合理的经济界限，这就是所谓经济原则。因此，在产品设计制定质量标准时，在生产过程进行质量控制时，在选择质量检验方式为抽样检验或全数检验时，都必须考虑其经济效益。

3. 协作原则

协作是大生产的必然要求。生产和管理分工越细，就越要求协作。一个具体单位的质量问题往往涉及许多部门，如无良好的协作是很难解决的。因此，强调协作是全面质量管理的一条重要原则，也反映了系统科学全局观点的要求。

4. 按照 PDCA 循环组织活动

PDCA 循环是质量体系活动所应遵循的科学工作程序，周而复始，内外嵌套，循环不已，以求质量不断提高。

（三）全面质量管理的运转方式

质量保证体系运转方式是按照计划（P）、执行（D）、检查（C）、处理（A）的管理循环进行的。它包括四个阶段和八个工作步骤。

1. 四个阶段

（1）计划阶段

按使用者要求，根据具体生产技术条件，找出生产中存在的问题及其原因，拟定生产对策和措施计划。

（2）执行阶段

按预定对策和生产措施计划，组织实施。

（3）检查阶段

对生产成品进行必要的检查和测试，即把执行的工作结果与预定目标对比，检查执行过程中出现的情况和问题。

（4）处理阶段

把经过检查发现的各种问题及用户意见进行处理。凡符合计划要求的予以肯定，成文标准化。对不符合设计要求和不能解决的问题，转入下一循环以进一步研究解决。

2. 八个步骤

（1）分析现状，找出问题，不能凭印象和表面作判断，结论要用数据表示。

（2）分析各种影响因素，要对可能因素加以分析。

（3）找出主要影响因素，要努力找出主要因素进行解剖，才能改进工作，提高产品质量。

（4）研究对策，针对主要因素拟定措施，制定计划，确定目标。

以上属 P 阶段工作内容。

（5）执行措施为 D 阶段的工作内容。

（6）检查工作成果，对执行情况进行检查，找出经验教训，为 C 阶段的工作内容。

（7）巩固措施，制定标准，把成熟的措施订成标准（规程、细则）形成制度。

（8）遗留问题转入下一个循环。

3.PDCA 循环的特点

（1）四个阶段缺一不可，先后次序不能颠倒。就好像一只转动的车轮，在解决质量问题中滚动前进，逐步使产品质量提高。

（2）企业的内部 PDCA 循环各级都有，整个企业是一个大循环，企业各部门又有自己的循环。大循环是小循环的依据，小循环又是大循环的具体和逐级贯彻落实的体现。

（3）PDCA 循环不是在原地转动，而是在转动中前进。每个循环结束，质量便提高一步。每一个 PDCA 循环都不是在原地周而复始地转动，而是像爬楼梯那样，每转一个循环都有新的目标和内容。因而就意味前进了一步，从原有水平上升到了新的水平，每经过一次循环，也就解决了一批问题，质量水平就有了新的提高。

（4）A 阶段是一个循环的关键，这一阶段（处理阶段）的目的在于总结经验，巩固成果，纠正错误，以利于下一个管理循环。为此必须把成功和经验纳入标准，定为规程，使之标准化、制度化，以便在下一个循环中遵照办理，使质量水平逐步提高。

必须指出，质量的好坏反映了人们质量意识的强弱，也反映了人们对提高产品质量意义的认识水平。有了较强的质量意识，还应使全体人员对全面质量管理的基本思想和方法有所了解。这就需要开展全面质量管理，加强质量教育的培训工作，贯彻执行质量责任制并形成制度，持之以恒，才能使工程施工质量水平不断提高。

第五节　工程质量统计与分析

一、质量数据

利用质量数据和统计分析方法进行项目质量控制，是控制工程质量的重要手段。通常，通过收集和整理质量数据，进行统计分析比较，找出生产过程的质量规律，判断工程产品的质量状况，发现存在的质量问题，找出引起质量问题的原因，并及时采取措施，预防和纠正质量事故，使工程质量始终处于受控状态。

质量数据是用以描述工程质量特征性能的数据。它是进行质量控制的基础，没有质量数据，就不可能有现代化的科学的质量控制。

1. 质量数据的类型

质量数据按其自身特征，可分为计量值数据和计数值数据；按其收集目的可分为控制性数据和验收性数据。

（1）计量值数据

计量值数据是可以连续取值的连续型数据。如长度、质量面积、标高等特征，一般都是可以用量测工具或仪器等量测，且一般都带有小数。

（2）计数值数据

计数值数据是不连续的离散型数据。如不合格品数、不合格的构件数等，这些反映质量状况的数据是不能用量测器具来度量的，采用计数的办法，只能出现 0、1、2 等非负的整数。

（3）控制性数据

控制性数据一般是以工序作为研究对象，是为分析、预测施工过程是否处于稳定状态，而定期随机地抽样检验获得的质量数据。

（4）验收性数据

验收性数据是以工程的最终实体内容为研究对象，以分析、判断其质量是否达到技术标准或用户的要求，而采取随机抽样检验获取的质量数据。

2. 质量数据的波动及其原因

在工程施工过程中常可看到在相同的设备、原材料、工艺及操作人员条件下，生产的同一种产品的质量不同，反映在质量数据上，即具有波动性，其影响因素有偶然性因素和系统性因素两大类。偶然性因素引起的质量数据波动属于正常波动，偶然因素是无法或难以控制的因素，所造成的质量数据的波动量不大，没有倾向性，作用是随机的，工程质量只有受偶然因素影响时，生产才处于稳定状态。由系统因素造成的质量数据波动属于异常波动，系统因素是可控制、易消除的因素，这类因素不经常发生，但具有明显的倾向性，对工程质量的影响较大。

质量控制的目的就是要找出出现异常波动的原因，即系统性因素是什么，并加以排除，使质量只受随机性因素的影响。

3. 质量数据的收集

质量数据的收集总的要求应当是随机地抽样，即整批数据中每一个数据都有被抽到的同样机会。常用的方法有随机法、系统抽样法、二次抽样法和分层抽样法。

4. 样本数据特征

为了进行统计分析和运用特征数据对质量进行控制，经常要使用许多统计特征数据。统计特征数据主要有均值、中位数、极值、极差、标准偏差、变异系数，其中均值、中位数表示数据集中的位置；极差、标准偏差、变异系数表示数据的波动情况，即分散程度。

二、质量控制的统计方法简介

通过对质量数据的收集、整理和统计分析，找出质量的变化规律和存在的质量问题，提出进一步的改进措施，这种运用数学工具进行质量控制的方法是所有涉及质量管理的人员必须掌握的，它可以使质量控制工作定量化和规范化。下面介绍几种在质量控制中常用的数学工具及方法。

1. 直方图法

（1）直方图的用途

直方图又称频率分布直方图，它们将产品质量频率的分布状态用直方图形来表示，根据直方图形的分布形状和与公差界限的距离来观察探索质量分布规律，分析和判断整个生产过程是否正常。

利用直方图可以制定质量标准，确定公差范围，可以判明质量分布情况是否符合标准的要求。

（2）直方图的分析

1）正常对称型。说明生产过程正常，质量稳定。

2）锯齿型。原因一般是分组不当或组距确定不当。

3）孤岛型。原因一般是材质发生变化或他人临时替班。

4）绝壁型。一般是剔除下限以下的数据造成的。

5）双峰型。把两种不同的设备或工艺的数据混在一起造成的。

6）平峰型。生产过程中有缓慢变化的因素起主导作用。

（3）注意事项

1）直方图属于静态的，不能反映质量的动态变化。

2）画直方图时，数据不能太少，一般应多于50个数据，否则画出的直方图难以正确反映总体的分布状态。

3）直方图出现异常时，应注意将收集的数据分层，然后画直方图。

4）直方图呈正态分布时，可求平均值和标准差。

2. 排列图法

排列图法又称巴雷特法、主次排列图法，是分析影响质量主要问题的有效方法，将众多的因素进行排列，主要因素就一目了然。

排列图法是由一个横坐标、两个纵坐标、几个长方形和一条曲线组成的。左侧的纵坐标是频数或件数，右侧纵坐标是累计频率，横轴则是项目或因素，按项目频数大小顺序在横轴上自左而右画长方形，其高度为频数，再根据右侧的纵坐标，画出累计频率曲线，该曲线也称巴雷特曲线。

3. 因果分析图法

因果分析图也叫鱼刺图、树枝图，这是一种逐步深入研究和讨论质量问题的图示方法。在工程建设过程中，任何一种质量问题的产生，一般都是由多种原因造成的，这些原因有大有小，把这些原因按照大小顺序分别用主干、大枝、中枝、小枝来表示，这样，就可一目了然地观察出导致质量问题的原因，并以此为据，制定相应对策。

4. 管理图法

管理图也称控制图，它是反映生产过程随时间变化而变化的质量动态，即反映生产过程中各个阶段质量波动状态的图形。管理图利用上下控制界限，将产品质量特性控制在正常波动范围内，一旦有异常反应，通过管理图就可以发现，并及时处理。

5. 相关图法

产品质量与影响质量的因素之间，常有一定的相互关系，但不一定是严格的函数关系，这种关系被称为相关关系，可利用直角坐标系将两个变量之间的关系表达出来。相关图的形式有正相关、负相关、非线性相关和无相关。

此外，还有调查表法、分层法等。

第六节　工程质量事故的处理

工程建设项目不同于一般工业生产活动，其项目实施的一次性、生产组织特有的流动性、综合性、劳动的密集性、协作关系的复杂性和环境的影响，均导致建筑工程质量事故具有复杂性、严重性、可变性及多发性的特点，事故是很难完全避免的。因此，必须加强组织措施、经济措施和管理措施，严防事故发生，对发生的事故应调查清楚，按有关规定进行处理。

需要指出的是，不少事故开始时经常只被认为是一般的质量缺陷，容易被忽视。随着时间的推移，待认识到这些质量缺陷问题的严重性时，则往往处理困难，或难以补救，或导致建筑物失事。因此，除明显的不会有严重后果的缺陷外，对其他的质量问题，均应进行分析，进行必要处理，并作出处理意见。

一、工程事故的分类

凡水利水电工程在建设中或完工后，设计、施工、监理、材料、设备、工程管理和咨询等方面造成工程质量不符合规程规范和合同要求的质量标准，影响工程的使用寿命或正常运行，一般需作补救措施或返工处理的，统称为工程质量事故。日常所说的事故大多指施工质量事故。

在水利水电工程中，按对工程的耐久性和正常使用的影响程度，检查和处理质量事故对工期的影响时间以及直接经济损失，将质量事故分为一般质量事故、较大质量事故、重大质量事故和特大质量事故。

一般质量事故是指对工程造成一定经济损失，经处理后不影响正常使用，不影响工程使用寿命的事故。小于一般质量事故的统称为质量缺陷。

较大质量事故是指对工程造成较大经济损失或延误较短工期，经处理后不影响正常使用，但对工程使用寿命有较大影响的事故。

重大质量事故是指对工程造成重大经济损失或延误较长工期，经处理后不影响正常使用，但对工程使用寿命有较大影响的事故。

特大质量事故是指对工程造成特大经济损失或长时间延误工期，经处理后仍对工程正常使用和使用寿命有较大影响的事故。

一般质量事故，它的直接经济损失在 20 万 ~100 万元，事故处理的工期在一个月内，且不影响工程的正常使用与寿命。一般建筑工程对事故的分类略有不同，主要表现在经济损失大小之规定。

二、工程事故的处理方法

1. 事故发生的原因

工程质量事故发生的原因很多，最基本的还是人、机械、材料、工艺和环境几方面。一般可分直接原因和间接原因两类。

直接原因主要有人的行为不规范和材料、机械的不符合规定状态。如设计人员不按规范设计、监理人员不按规范进行监理，施工人员违反规程操作等，属于人的行为不规范；又如水泥、钢材等某些指标不合格，属于材料不符合规定状态。

间接原因是指质量事故发生地的环境条件，如施工管理混乱，质量检查监督失职，质量保证体系不健全等。间接原因往往导致直接原因的发生。

事故原因也可从工程建设的参建各方来寻查，业主、监理、设计、施工和材料、机械、设备供应商的某些行为或各种方法也会造成质量事故。

2. 事故处理的目的

工程质量事故分析与处理的目的主要是：正确分析事故原因，防止事故恶化；创造正常的施工条件；排除隐患，预防事故发生；总结经验教训，区分事故责任；采取有效的处理措施，尽量减少经济损失，保证工程质量。

3. 事故处理的原则

质量事故发生后，应坚持“三不放过”的原则，即事故原因不查清不放过，事故主要责任人和职工未受到教育不放过，补救措施不落实不放过。

发生质量事故，应立即向有关部门（业主、监理单位、设计单位和质量监督机构等）汇报，并提交事故报告。

由质量事故而造成的损失费用，坚持事故责任是谁由谁承担的原则。如责任在施工承包商，则事故分析与处理的一切费用由承包商自己负责；施工中事故责任不在承包商，承包商可依据合同向业主提出索赔；若事故责任在设计或监理单位，应按照有关合同条款给予相关单位必要的经济处罚。构成犯罪的，移交司法机关处理。

4. 事故处理的程序和方法

事故处理的程序是：下达工程施工暂停令；组织调查事故；事故原因分析；事故处理与检查验收；下达复工令。

事故处理的方法有两大类：修补，这种方法适用于通过修补可以不影响工程的外观和正常使用的质量事故，此类事故是施工中多发的；返工，这类事故严重违反规范和标准，影响工程使用和安全，且无法修补，必须返工。

有些工程质量问题，虽严重超过了规程、规范的要求，已具有质量事故的性质，但可针对工程的具体情况，通过分析论证，不需作专门处理，但要记录在案。如混凝土蜂窝麻面等缺陷，可通过涂抹、打磨等方式处理；欠挖或模板问题使结构断面被削弱，经设计复核验算，仍能满足承载要求的，也可不作处理，但必须记录在案，并有设计和监理单位的鉴定意见。

第七节　工程质量评定与验收

一、工程质量评定

（一）评定依据

1. 国家与水利水电部门有关行业规程、规范和技术标准。

2. 经批准的设计文件、施工图纸、设计修改通知及厂家提供的设备安装说明书及有关技术文件。

3. 工程合同采用的技术标准。

4. 工程试运行期间的试验及观测分析成果。

（二）评定标准

1. 单元工程质量评定标准

当单元工程质量达不到合格标准时，必须及时处理，其质量等级按如下确定：全部返工重做的，可重新评定等级；经加固补强并经过鉴定能达到设计要求，其质量只能被评定为合格；经鉴定达不到设计要求，但建设（监理）单位认为能基本满足安全和使用功能要求的，可不补强加固，或经补强加固后，改变外形尺寸或造成永久缺陷的，经建设（监理）单位认为能基本满足设计要求，其质量可按合格处理。

2. 分部工程质量评定标准

分部工程质量合格的条件是：单元工程质量全部合格；中间产品质量及原材料质量全部合格，金属结构及启闭机制造质量合格，机电产品质量合格。

分部工程优良的条件是：单元工程质量全部合格，其中有 50% 以上达到优良，主要单元工程、重要隐蔽工程及关键部位的单位工程质量优良，且未发生过质量事故；中间产品质量全部合格，其中混凝土拌和物质量达到优良，原材料质量、金属结构及启闭机制造质量合格，机电产品质量合格。

3. 单位工程质量评定标准

单位工程质量合格的条件是：分部工程质量全部合格；中间产品质量及原材料质量全部合格，金属结构及启闭机制造质量合格，机电产品质量合格；外观质量得分率达 70%；施工质量检验资料基本齐全。

单位工程优良的条件是：分部工程质量全部合格，其中有 70% 以上达到优良，主要分部工程质量优良，且未发生过重大质量事故；中间产品质量全部合格，其中混凝土拌和物质量达到优良，原材料质量、金属结构及启闭机制造质量合格，机电产品质量合格；外观质量得分率达 85%；施工质量检验资料齐全。

4. 工程质量评定标准

单位工程质量全部合格，工程质量可评为合格；如其中 50% 以上的单位工程优良，且主要建筑物单位工程质量优良，则工程质量可评优良。

二、工程质量验收

工程验收是在工程质量评定的基础上，依据一个既定的验收标准，采取一定的手段来检验工程产品的特性是否满足验收标准的过程。水利水电工程验收分为分部工程验收、阶段验收、单位工程验收和竣工验收。按照验收的性质，可分为投入使用验收和完工验收。工程验收的目的是：检查工程是否按照批准的设计进行建设；检查已完工工程在设计、施工、设备制造安装等方面的质量，并对验收遗留问题提出处理要求；检查工程是否具备运行或进行下一阶段建设的条件；总结工程建设中的经验教训，并对工程作出评价；及时移交工程，尽早发挥投资效益。

工程验收的依据是：有关法律、规章和技术标准，主管部门有关文件，批准的设计文件及相应设计变更、修设文件，施工合同，监理签发的施工图纸和说明，设备技术说明书等。当工程具备验收条件时，应及时组织验收。未经验收或验收不合格的工程不得交付使用或进行后续工程施工。验收工作应相互衔接，不应重复进行。

工程进行验收时必须要有质量评定意见；阶段验收和单位工程验收应有水利水电工程质量监督单位的工程质量评价意见；竣工验收必须有水利水电工程质量监督单位的工程质量评定报告，竣工验收委员会在其基础上鉴定工程质量等级。

1. 分部工程验收

分部工程验收应具备的条件是该分部工程的所有单元工程已经完建且质量全部合格。分部工程验收的主要工作是：鉴定工程是否达到设计标准；按现行国家或行业技术标准，评定工程质量等级；对验收遗留问题提出处理意见。分部工程验收的图纸、资料和成果是竣工验收资料的组成部分。

2. 阶段验收

根据工程建设需要，当工程建设到一定关键阶段（如基础处理完毕、截流、水库蓄水、机组启动、输水工程通水等）时，应进行阶段验收。阶段验收的主要工作是：检查已完工工程的质量和形象面貌；检查在建工程建设情况；检查待建工程的计划安排和主要技术措施落实情况，以及是否具备施工条件；检查拟投入使用工程是否具备运用条件；对验收遗留问题提出处理要求。

3. 完工验收

完工验收应具备的条件是所有分部工程已经完建并验收合格。完工验收的主要工作是：检查工程是否按批准设计完成；检查工程质量评定质量等级，对工程缺陷提出处理要求；对验收遗留问题提出处理要求；按照合同规定，施工单位向项目法人移交工程。

4. 竣工验收

工程在投入使用前必须通过竣工验收。竣工验收应在全部工程完建后 3 个月内进行。进行验收确有困难的，经工程验收主持单位同意，可以适当延长期限。竣工验收应具备以下条件：工程已按批准设计规定的内容全部建成，各单位工程能正常运行；历次验收所发现的问题已基本处理完毕；归档资料符合工程档案资料管理的有关规定；工程建设征地补偿及移民安置等问题已基本处理完毕，工程主要建筑物安全保护范围内的迁建和工程管理土地征用已经完成；工程投资已经全部到位；竣工决算已经完成并通过竣工审计。

竣工验收的主要工作：审查项目法人“工程建设管理工作报告”和初步验收工作组“初步验收工作报告”；检查工程建设和运行情况；协调处理有关问题；讨论并通过“竣工验收鉴定书”。

第七章　水利工程安全管理

第一节　水利工程安全管理的概述

一、安全管理概念

安全生产是指生产过程处于避免人身伤害、设备损坏及其他不可接受的损害风险（危险）的状态。不可接受的损害风险（危险）是指：超出了法律、法规和规章的要求，超出了方针、目标和企业规定的其他要求，超出了人们普遍接受的要求。建筑工程安全生产管理是指建设行政主管部门、建筑安全监督管理机构、建筑施工企业及有关单位对建筑安全生产过程中的安全工作，进行计划、组织、指挥、控制、监督、调节和改进等一系列致力于满足生产安全的管理活动。

（一）建筑工程安全生产管理的特点

1. 安全生产管理涉及面广、涉及单位多

由于建筑工程规模大，生产工艺复杂、工序多，在建造过程中流动作业多、高处作业多，作业位置多变，遇到的不确定因素多，因此安全管理工作涉及范围大，控制面广。安全管理不仅是施工单位的责任，还包括建设单位、勘察设计单位、监理单位，这些单位也要为安全管理承担相应的责任和义务。

2. 安全生产管理动态性

（1）由于建筑工程项目的单件性，每项工程所处的条件不同，所面临的危险因素和防范也会有所改变。

（2）工程项目的分散性。

施工人员在施工过程中，分散于施工现场的各个部位，当他们面对各种具体的生产问题时，一般依靠自己的经验和知识进行判断并作出决定，从而增加了施工过程中由不安全行为而导致事故的风险。

3. 安全生产管理的交叉性

建筑工程项目是开放系统，受自然环境和社会环境的影响很大，安全生产管理需要把工程系统和环境系统及社会系统相结合。

4. 安全生产管理的严谨性

安全状态具有触发性，安全管理措施必须严谨，一旦失控，就会造成损失和伤害。

（二）建筑工程安全生产管理的方针

“安全第一”是建筑工程安全生产管理的原则和目标，“预防为主”是实现安全第一的最重要手段。

（三）建筑工程安全管理的原则

1. “管生产必须管安全”的原则

一切从事生产、经营的单位和管理部门都必须管安全，全面开展安全工作。

2. “安全具有否决权”的原则

安全管理工作是衡量企业经营管理工作好坏的一项基本内容，在对企业进行各项指标考核时，必须首先考虑安全指标的完成情况。安全生产指标具有一票否决的作用。

3. 职业安全卫生“三同时”的原则

“三同时”指建筑工程项目的劳动安全卫生设施必须符合国家规范规定的标准，必须与主体工程同时设计、同时施工、同时投入生产和使用。

（四）建筑工程安全生产管理有关法律、法规与标准、规范

1. 法治是强化安全管理的重要内容

法律是上层建筑的组成部分，为其赖以建立的经济基础服务。

2. 事故处理“四不放过”的原则

（1）事故原因分析不清不放过；

（2）事故责任者和群众没有受到教育不放过；

（3）没有采取防范措施不放过；

（4）事故责任者没有受到处理不放过。

（五）安全生产管理体制

当前我国的安全生产管理体制是企业负责、行业管理、国家监察和群众监督、劳动者遵章守法。

（六）安全生产责任制度

安全生产责任制度是建筑生产中最基本的安全管理制度，是所有安全规章制度的核心。安全生产责任制度是指将各种不同的安全责任落实到具体安全管理的人员和具体岗位人员身上的一种制度。这一制度是安全第一、预防为主的具体体现，是建筑安全生产的基本制度。

（七）安全生产目标管理

安全生产目标管理就是根据建筑施工企业的总体规划要求，制订出在一定时期内安全

生产方面所要达到的预期目标并组织实现此目标。其基本内容是：确定目标、目标分解、执行目标、检查总结。

（八）施工组织设计

施工组织设计是组织建设工程施工的纲领性文件，是指导施工准备和组织施工的全面性的技术、经济文件，是指导现场施工的规范性文件。施工组织设计必须在施工准备阶段完成。

（九）安全技术措施

安全技术措施是指为防止工伤事故和职业病的危害，从技术上采取的措施。在工程施工中，是指针对工程特点、环境条件、劳力组织、作业方法、施工机械、供电设施等制订的确保安全施工的措施。

安全技术措施也是建设工程项目管理实施规划或施工组织设计的重要组成部分。

（十）安全技术交底

安全技术交底是落实安全技术措施及安全管理事项的重要手段之一。重大安全技术措施及重要部位的安全技术由公司负责人向项目经理部技术负责人进行书面的安全技术交底；一般安全技术措施及施工现场应注意的安全事项由项目经理部技术负责人向施工作业班组、作业人员作出详细说明，并经双方签字认可。

（十一）安全教育

安全教育是实现安全生产的一项重要基础工作，它可以提高职工搞好安全生产的自觉性、积极性和创造性，增强安全意识，掌握安全知识，提升职工的自我防护能力，使安全规章制度得到贯彻执行。安全教育培训的主要内容有：安全生产思想、安全知识、安全技能、安全操作规程标准、安全法规、劳动保护和典型事例。

（十二）班组安全活动

班组安全活动是指在上班前由班组长组织并主持，根据本班目前工作内容，重点介绍安全注意事项、安全操作要点，以达到组员在班前掌握安全操作要领，提高安全防范意识，减少事故发生的活动。

（十三）特种作业

特种作业是指在劳动过程中容易发生伤亡事故，对操作者本人，尤其对他人和周围设施的安全有重大危害因素的作业。直接从事特种作业者，称特种作业人员。

（十四）安全检查

安全检查是指建设行政主管部门、施工企业安全生产管理部门或项目经理，对施工企业和工程项目经理部贯彻国家安全生产法律及法规的情况、安全生产情况、劳动条件、事故隐患等进行的检查。

（十五）安全事故

安全事故是人们在进行有目的的活动中，发生了违背人们意愿的不幸事件，使其有目的的行动暂时或永久的停止。重大安全事故，是指在施工过程中的责任过失造成工程倒塌或废弃、机械设备破坏和安全设施失当，进而造成人身伤亡或者重大经济损失的事故。

（十六）安全评价

安全评价是采用系统科学方法，辨别和分析系统存在的危险性并根据其形成事故的风险大小，采取相应的安全措施，以达到系统安全的过程。安全评价的基本内容有：识别危险源、评价风险、采取措施，直到达到安全目标。

（十七）安全标志

安全标志由安全色、几何图形符号构成，以此表达特定的安全信息。其目的是引起人们对不安全因素的注意，预防事故的发生。安全标志分为禁止标志、警告标志、指令标志、提示性标志四类。

二、工程施工特点

建筑业的生产活动危险性大，不安全因素多，是事故多发行业。建筑施工的特点主要是：

第一，工程建设最大的特点就是产品固定。这是它不同于其他行业的根本点，建筑产品是固定的，体积大、生产周期长。建筑物一旦施工完毕就固定了，生产活动都是围绕着建筑物、构筑物来进行的，有限的场地上集中了大量的人员、建筑材料、设备零部件和施工机具等，这样的情况可以持续几个月或一年，有的甚至需要七八年，工程才能完成。

第二，高处作业多，工人常年在室外操作。一栋建筑物从基础、主体结构到屋面工程、室外装修等，露天作业约占整个工程的 70%。现在的建筑物一般都在 7 层以上，绝大部分工人都在十几米或几十米的高处从事露天作业。工作条件差，且受到气候条件多变的影响。

第三，手工操作多，繁重的劳动消耗大量体力。建筑业是劳动密集型的传统行业之一，大多数工种需要手工操作。近几年来，墙体材料有了改革，出现了大模、滑模、大板等施工工艺，但就全国来看，绝大多数墙体仍然是使用黏土砖、水泥空心砖和小砌块砌筑。

第四，现场变化大。每栋建筑物从基础、主体到装修，每道工序都不同，不安全因素也就不同，即使是同一工序由于施工工艺和施工方法不同，其生产过程也不同。而随着工程进度的推进，施工现场的施工状况和不安全因素也随之变化。为了完成施工任务，要采取很多临时性措施。

第五，近年来，建筑任务已由以工业为主向以民用建筑为主转变，建筑物由低层向高层发展，施工现场由较为宽阔的场地向狭窄的场地变化。施工现场的吊装工作量增多，垂直运输的办法也多了，多采用龙门架（或井字架）、高大旋转塔吊等。随着流水施工技术和网络施工技术的运用，交叉作业也随之大量增加，木工机械如电平刨、电锯普遍使用。因施工条件变化，伤亡类别增多。过去是“钉子扎脚”等小事故较多，现在则是机械伤害、高处坠落、触电等事故较多。

建筑施工复杂，加上流动分散、工期不固定，比较容易形成临时观念，不采取可靠的安全防护措施，存在侥幸心理，伤亡事故必然频繁发生。

第二节　施工安全因素与安全管理体系

一、施工安全因素

事故潜在的不安全因素是造成人的伤害、物的损失事故的先决条件，各种人身伤害事故均离不开物与人这两个因素。人的不安全行为和物的不安全状态，是造成绝大部分事故的两个方面潜在的不安全因素，通常也可称作事故隐患。

（一）安全因素特点

安全是在人类生产过程中，将系统的运行状态对人类的生命、财产、环境可能产生的损害控制在人类能接受水平以下的状态。安全因素的定义就是在某一指定范围内与安全有关的因素。水利水电工程施工安全因素有以下特点：

1. 安全因素的确定取决于所选的分析范围，此处分析范围可以指整个工程，也可以针对具体工程的某一施工过程或者某一部分的施工，例如围堰施工，升船机施工等。

2. 安全因素的辨识依赖于对施工内容的了解，对工程危险源的分析以及运作安全风险评价的人员的安全工作经验。

3. 安全因素具有针对性，并不是对整个系统事无巨细的考虑，安全因素的选取具有一定的代表性和概括性。

4. 安全因素具有灵活性，只要能对所分析的内容具有一定概括性，能达到系统分析的效果的，都可成为安全因素。

5. 安全因素是进行安全风险评价的关键点，是构成评价系统框架的节点。

（二）安全因素辨识过程

安全因素是进行风险评价的基础，人们在辨识出的安全因素的基础上，进行风险评价框架的构建。在进行水利水电工程施工安全因素的辨识时，首先对工程施工内容和施工危险源进行分析和了解，在危险源的认知基础上，以整个工程为分析范围，从管理、施工人员、材料、危险控制等各个方面结合以往的安全分析危险，进行安全因素的辨识。

宏观安全因素辨识工作需要收集以下资料：

1. 工程所在区域状况

（1）本地区有无地震、洪水、浓雾、暴雨、雪害、龙卷风及特殊低温等自然灾害；

（2）工程施工期间如发生火药爆炸、油库火灾爆炸等对邻近地区有何影响；

（3）工程施工过程中如发生大范围滑坡、塌方及其他意外情况对行船、导流、行车等有无影响；

（4）附近有无易燃、易爆、毒物泄漏的危险源，对本区域的影响如何？是否存在其他类型的危险源；

（5）工程过程中排土、排碴是否会形成公害或对本工程及友邻工程产生不良影响；

（6）公用设施如供水、供电等是否充足？重要设施有无备用电源；

（7）本地区消防设备和人员是否充足；

（8）本地区医院、救护车及救护人员等配置是否适当？现场有无紧急抢救措施；

2. 安全管理情况

（1）安全机构、安全人员设置满足安全生产要求与否；

（2）怎样进行安全管理的计划、组织协调、检查、控制工作；

（3）对施工队伍中各类用工人员是否实行了安全一体化管理；

（4）有无安全考评及奖罚方面的措施；

（5）如何进行事故处理？同类事故发生情况如何处理；

（6）隐患整改如何；

（7）是否制定有切实有效且操作性强的防灾计划？领导是否经常过问？关键性设备、设施是否定期进行试验、维护；

（8）整个施工过程是否制定完善的操作规程和岗位责任制？实施状况如何；

（9）程序性强的作业（如起吊作业）及关键性作业（如停送电、放炮）是否实行标准化作业；

（10）是否进行在线安全训练？职工是否掌握必备的安全抢救常识和紧急避险、互救知识。

3. 施工措施安全情况

（1）是否设置了明显的工程界限标识；

（2）有可能发生塌陷、滑坡、爆破飞石、吊物坠落等危险场所是否标定合适的安全范围并设有警示标志或信号；

（3）友邻工程施工中在安全上相互影响的问题是如何解决的；

（4）特殊危险作业是否规定了严格的安全措施？能否强制实施；

（5）可能发生车辆伤害的路段是否设有合适的安全标志；

（6）作业场所的通道是否良好？是否有滑倒、摔伤的危险；

（7）所有用电设施是否按要求接地、接零？人员可能触及的带电部位是否采取有效的保护措施；

（8）可能遭受雷击的场所是否采取了必要的防雷措施；

（9）作业场所的照明、噪声、有毒有害气体浓度是否符合安全要求；

（10）所使用的设备、设施、工具、附件、材料是否具有危险性？是否定期进行检查确认？有无检查记录；

（11）作业场所是否存在冒顶片帮或坠井、掩埋的危险性？曾经采取了什么措施；

（12）登高作业是否采取了必要的安全措施（可靠的跳板、护栏、安全带等）；

（13）防、排水设施是否符合安全要求；

（14）劳动防护用品适应作业要求之情况，发放数量、质量、更换周期满足要求与否。

4. 油库、炸药库等易燃、易爆危险品

（1）危险品名称、数量、设计量、存放量；

（2）危险品化学性质及其燃点、闪点、爆炸极限、毒性、腐蚀性等 r 解与否；

（3）危险品存放方式（是否根据其用途及特性分开存放）；

（4）危险品与其他设备、设施等之间的距离、爆破器材分放点之间是否有殉爆的可能性；

（5）存放场所的照明及电气设施的防爆、防雷、防静电情况；

（6）存放场所的防火设施配置消防通道否？有无烟、火自动检测报警装置；

（7）存放危险品的场所是否有专人 24 小时值班，有无具体岗位责任制和危险品管理制度；

（8）危险品的运输、装卸、领用、加工、检验、销毁是否严格按照规定进行；

（9）危险品运输、管理人员是否掌握火灾、爆炸等危险状况下的避险、自救、互救的知识？是否定期进行必要的训练。

5. 起重运输大型作业机械情况

（1）运输线路里程、路面结构、平交路口、防滑措施等情况如何；

（2）指挥、信号系统情况如何？信息通道是否存在干扰；

（3）人—机系统匹配有何问题；

（4）设备检查、维护制度和执行情况如何？是否实行各层次的检查？周期多长？是否实行定期计划维修？周期多长；

（5）司机是否通过作业适应性检查；

（6）过去事故情况如何。

以上这些因素均是进行施工安全风险因素识别时需要考虑的主要因素。实际工程中需考虑的因素可能比上述因素还要多。

（三）施工过程行为因素

采用 HFACS 框架对导致工程施工事故发生的行为因素进行分析。对标准的 HFACS 框架进行修订，以适应水电工程施工实际的安全管理、施工作业技术措施、人员素质等状况。框架的修改遵循四个原则：

第一，删除在事故案例分析中出现频率极少的因素，包括对工程施工影响较小和难以在事故案例中找到的潜在因素。

第二，对相似的因素进行合并，避免重复统计，从而无形之中提高类似因素在整个工程施工当中的重要性。

第三，针对水电工程施工的特点，对因素的定义、因素的解释和其涵盖的具体内容进行适当的调整。

第四，HFACS 框架是从国外引进的，将部分因素的名称加以修改，以更贴切我国工程施工安全管理业务的习惯用语。

对标准 HFACS 框架修改如下：

1. 企业组织影响

企业（包括水电开发企业、施工承包单位、监理单位）组织层的差错属于最高级别的差错，它的影响通常是间接的、隐性的，因而常会被安全管理人员所忽视。在进行事故分析时，很难挖掘出企业组织层的缺陷；而一经发现，其改正的代价也很高，但是更能加强系统的安全。一般而言，组织影响包括三个方面：

（1）资源管理

资源管理主要指组织资源分配及维护决策存在的问题，如安全组织体系不完善、安全管理人员配备不足、资金设施等管理不当、过度削减与安全相关的经费（安全投入不足）等。

（2）安全文化与氛围

安全文化与氛围可以定义为影响管理人员与作业人员绩效的多种变量，包括组织文化和政策，比如信息流通传递不畅、企业政策不公平、只奖不罚或滥奖、过于强调惩罚等都属于不良的文化与氛围。

（3）组织流程

组织流程主要涉及组织经营过程中的行政决定和流程安排，如施工组织设计不完善、企业安全管理程序存在缺陷、制定的某些规章制度及标准不完善等。

其中，“安全文化与氛围”这一因素，虽然在提高安全绩效方面具有积极作用，但不好定性衡量，在事故案例报告中也未明确地指明，而且在工程施工各类人员成分复杂的结构当中，其传播较难有一个清晰的脉络。为了简化分析过程，将该因素去除。

2. 安全监管

（1）监督（培训）不充分

监督不充分指监督者或组织者没有提供专业的指导、培训、监督等。若组织者没有提供充足的 CRM 培训，或某个管理人员、作业人员没有这样的培训机会，则班组协同合作能力将会大受影响，出现差错的概率必然增加。

（2）作业计划不适当

作业计划不适当包括这样几种情况，班组人员配备不当，如没有职工带班，没有提供足够的休息时间，任务或工作负荷过量。整个班组的施工节奏以及作业安排由于赶工期等安排不当，因此作业风险加大。

（3）隐患未整改

隐患未整改指的是管理者知道人员、培训、施工设施、环境等相关安全领域的不足或隐患之后，仍然允许其持续下去的情况。

（4）管理违规

管理违规指的是管理者或监督者有意违反现有的规章程序或安全操作规程，如允许没有资格、未取得相关特种作业证的人员作业等。

以上四项因素在事故案例报告中均有体现，虽然相互之间有关联，但各有差异，彼此独立，因此，均加以保留。

3. 不安全行为的前提条件

这一层级指出了直接导致不安全行为发生的主客观条件，包括作业人员状态、环境因素和人员因素。将“物理环境”改为“作业环境”,“施工人员资源管理”改为“班组管理”，“人员准备情况”改为“人员素质”。其定义如下：

（1）作业环境

作业环境既指操作环境（如气象、高度、地形等），也指施工人员周围的环境，如作业部位的高温、振动、照明、有害气体等。

（2）技术措施

技术措施包括安全防护措施、安全设备和设施设计、安全技术交底的情况，以及作业程序指导书与施工安全技术方案等一系列情况。

（3）班组管理

班组管理属于人员因素，常为许多不安全行为的产生创造前提条件。未认真开展“班前会”及搞好“预知危险活动”；在施工作业过程中，安全管理人员、技术人员、施工人员等相互间信息沟通不畅、缺乏团队合作等问题属于班组管理不良。

（4）人员素质

人员素质包括体力（精力）差、不良心理状态与不良生理状态等生理心理素质：如精神疲劳，失去情境意识，工作中自满、安全警惕性差等属于不良心理状态；生病、身体疲劳或服用药物等引起生理状态差，当操作要求超出个人能力范围时会出现身体、智力局限，同时为安全埋下隐患，如视觉局限、休息时间不足、体能不适应等；以及没有遵守施工人员的休息要求、培训不足、滥用药物等属于个人准备情况的不足。

将标准 HFACS 的“体力（精力）限制”、“不良心理状态”与“不良生理状态”合并，是因为这三者可能互相影响和转换。“体力（精力）限制”可能会导致“不良心理状态”与“不良生理状态”，此处便产生了重复，增加了心理和生理状态在所有因素当中的比重。同时，“不良心理状态”与“不良生理状态”之间也可能相互转化，由于心理状态的失调往往会带来生理上的伤害，而生理上的疲劳等因素又会引起心理状态的变化，两者相辅相成，常常是共同存在的。此外，没有充分的休息、滥用药物、生病、心理障碍也可以归结为人员准备不足，因此，将“体力（精力）限制”、“不良心理状态”与“不良生理状态”合并至“人员素质”。

4. 施工人员的不安全行为

人的不安全行为是系统存在问题的直接表现。将这种不安全行为分成三类：知觉与决策差错、技能差错以及操作违规。

（1）知觉与决策差错

“知觉差错”和“决策差错”通常是并发的，由于对外界条件、环境因素以及施工器械状况等现场因素感知上产生的失误，进而作出错误的决定。决策差错指经验不足，缺乏训练或外界压力等造成，也可能理解问题不彻底造成，如紧急情况判断错误，决策失败等。知觉差错指一个人的感知觉和实际情况不一致，就像出现视觉划觉和空间定向障碍一样，可能是由于工作场所光线不足，或在不利地质、气象条件下作业等。

（2）技能差错

技能差错包括漏掉程序步骤、作业技术差、作业时注意力分配不当等。不依赖于所处的环境，而是由施工人员的培训水平决定，而在操作当中不可避免地发生，因此应该作为独立的因素保留。

（3）操作违规

操作违规指故意或者主观不遵守确保安全作业的规章制度，分为习惯性的违章和偶然性的违规。前者是组织或管理人员常常能容忍和默许的，常造成施工人员习惯成自然。而后者偏离规章或施工人员通常的行为模式，一般会被立即禁止。

经过修订的新框架，根据工程施工的特点重新选择了影响因素。在实际的工程施工事故分析以及制定事故防范与整改措施的过程中，通常会成立事故调查组对某一类原因，比如施工人员的不安全行为进行调查，给出处理意见及建议。应用 HFACS 框架的目的之一是尽快找到并确定在工程施工所有已经发生的事故当中，哪一类因素占相对重要的部分，可以集中人力和物力资源对该因素所反映的问题进行整改。对于类似的或者可以归为一类的因素整体考虑，科学决策，将结果反馈给整改单位，由他们完成相关一系列后续工作。因此，修订后的 HFACS 框架通过对标准框架因素的调整，加强了独立性和概括性，使得其能更合理地反映水电工程施工的实际状况。

应用 HFACS 框架对行为因素导致事故的情况初步分类，在求证判别一致性的基础上，分析了导致事故发生的主要因素。但这种分析只是静态的，HFACS 框架仅仅简单地将发生事故中的行为因素进行分类，没有指出上层因素是如何影响下层因素的，以及采取什么样的措施才能在将来尽量地避免事故发生。基于 HFACS 框架的静态分析只是将行为因素按照不同的层次进行了重新配置，没有寻求因素的发生过程和事故的解决之道。因此，有必要在此基础上，对 HFACS 框架当中相邻层次之间因素的联系进行分析，指出每个层次的因素如何被上一层次的因素影响，以及作用于下一次层次的因素，从而有利于针对某因素制定安全防范措施的时候，能够承上启下，进行综合考虑，从源头上避免该类因素的产生，并且能够有效地抑制由于该因素发生而产生的连锁反应。

采用统计性描述，揭示不良企业的组织影响如何通过组织流程等因素向下传递造成安全监管的失误，安全监管的错误决定了安全检查与培训等力度，决定了是否严格执行安全管理规章制度等，决定了对隐患是否漠视等，这些错误造成了不安全行为的前提条件，进一步影响了施工人员的工作状态，最终导致事故的发生。进行统计学分析的目的是为了提供邻近层次不同种类之间因素的概率数据，以用来确定框架当中高层次对底层次因素的影响程度。一旦确定了自上而下的主要途径，就可以量化因素之间的相互作用，也有利于制定针对性的安全防范措施与整改措施。

二、安全管理体系

（一）安全管理体系内容

1. 建立健全安全生产责任制

安全生产责任制是安全管理的核心，是保障安全生产的重要手段，它能有效地预防事故的发生。

安全生产责任制是根据“管生产必须管安全”“安全生产人人有责”的原则。明确各级领导和各职能部门及各类人员在生产活动中应负的安全职责的制度。有些安全生产责任制，就能把安全与生产从组织形式上统一起来，把“管生产必须管安全”的原则从制度上固定下来，从而增强了各级管理人员的安全责任心，使安全管理纵向到底、横向到边、专管成线、群管成网、责任明确、协调配合、共同努力，真正把安全生产工作落到实处。

安全生产责任制的内容要分级制定和细化，如企业、项目、班组都应建立各级安全生产责任制，按其职责分工，确定各自的安全责任，并组织实施和考评，保证安全生产责任制的落实。

2. 制定安全教育制度

安全教育制度是企业对职工进行安全法律、法规、规范、标准、安全知识和操作规程培训教育的制度，是提高职工安全意识的重要手段，是企业安全管理的一项重要内容。

安全教育制度内容应规定：定期和不定期安全教育的时间、应受教育的人员、教育的内容和形式，如新工人、外施队人员等进场前必须接受三级（公司、项目、班组）安全教育。从事危险性较大的特殊工种的人员必须经过专门的培训机构培训合格后持证上岗，每年还必须进行一次安全操作规程的训练和再教育。对采用新工艺、新设备、新技术和变换工种的人员应进行安全操作规程和安全知识的培训和教育。

3. 制定安全检查制度

安全检查是发现隐患、消除隐患、防止事故、改善劳动条件和环境的重要措施，是企业预防安全生产事故的一项重要手段。

安全检查制度内容应规定：安全检查负责人、检查时间、检查内容和检查方式。它包括经常性的检查、专业化的检查、季节性的检查和专项性的检查，以及群众性的检查等。对于检查出的隐患应进行登记，并采取定人、定时间、定措施的“三定”办法给予解决，同时对整改情况进行复查验收，彻底消除隐患。

4. 制定各工种安全操作规程

工种安全操作规程是消除和控制劳动过程中的不安全行为，预防伤亡事故，确保作业人员的安全和健康需要的措施，也是企业安全管理的重要制度之一。

安全操作规程的内容应根据国家和行业安全生产法律、法规、标准、规范，结合施工现场的实际情况制定出各种安全操作规程。同时根据现场使用的新工艺、新设备、新技术，制定出相应的安全操作规程，并监督其实施。

5. 制定安全生产奖罚办法

企业制定安全生产奖罚办法的目的是不断提高劳动者进行安全生产的自觉性，调动劳动者的积极性和创造性，防止和纠正违反法律、法规和劳动纪律的行为，也是企业安全管理的重要制度之一。

安全生产奖罚办法规定奖罚的目的、条件、种类、数额、实施程序等。企业只有建立安全生产奖罚办法，做到有奖有罚、奖罚分明，才能鼓励先进、督促落后。

6. 制定施工现场安全管理规定

施工现场安全管理规定是施工现场安全管理制度的基础，目的是规范施工现场安全防护设施的标准化、定型化。

施工现场安全管理规定的内容包括：施工现场一般安全规定、安全技术管理、脚手架工程安全管理（包括特殊脚手架、工具式脚手架等）、电梯井操作平台安全管理、马路搭设安全管理、大模板拆装存放安全管理、水平安全网、井字架龙门架安全管理、孔洞临边防护安全管理、拆除工程安全管理等。

7. 制定机械设备安全管理制度

机械设备是指目前建筑施工普遍使用的垂直运输和加工机具。由于机械设备本身存在一定的危险性，管理不当就可能造成机毁人亡，所以它是目前施工安全管理的重点对象。

机械设备安全管理制度应规定，大型设备应到上级有关部门备案，符合国家和行业有关规定，还应设专人负责定期进行安全检查、保养，保证机械设备处于良好的状态，以及各种机械设备的安全管理制度。

8. 制定施工现场临时用电安全管理制度

施工现场临时用电是目前建筑施工现场离不开的一项操作，由于其使用广泛、危险性比较大，因此它牵涉每个劳动者的安全，也是施工现场一项重要的安全管理制度。

施工现场临时用电管理制度的内容应包括：外电的防护、地下电缆的保护、设备的接地与接零保护、配电箱的设置及安全管理规定（总箱、分箱、开关箱）、现场照明、配电线路、电器装置、变配电装置、用电档案的管理等。

9. 制定劳动防护用品管理制度

使用劳动防护用品是为了减轻或避免劳动过程中，劳动者受到伤害和职业危害，保护劳动者安全健康的一项预防性辅助措施，是安全生产避免职业性伤害的需要，对于减少职业危害起着相当重要的作用。

劳动防护用品制度的内容应包括：安全网、安全帽、安全带、绝缘用品、防职业病用品等。

（二）建立健全安全组织机构

施工企业一般都有安全组织机构，但必须建立健全项目安全组织机构，确定安全生产目标，明确参与各方对安全管理的具体分工，安全岗位责任与经济利益挂钩，根据项目性质规模的不同，采用不同的安全管理模式。对于大型项目，必须安排专门的安全总负责人，并配以合理的班子，共同进行安全管理，建立安全生产管理的资料档案。实行单位领导对整个施工现场负责，专职安全员对部位负责，班组长和施工技术员对各自的施工区域负责，操作者对自己的工作范围负责的“四负责”制度。

（三）安全管理体系建立步骤

1. 领导决策

最高管理者亲自决策，以便获得各方面的支持和在体系建立过程中所需的资源保证。

2. 成立工作组

最高管理者或授权管理者代表成立的工作小组负责建立安全管理体系。工作小组的成员要覆盖组织的主要职能部门，组长最好由管理者代表担任，以保证小组对人力、资金、信息的获取。

3. 人员培训

培训的目的是使有关人员了解建立安全管理体系的重要性，了解标准的主要思想和内容。

4. 初始状态评审

初始状态评审要对组织过去和现在的安全信息、状态进行收集、调查分析、识别和获取现有的、适用的法律、法规和其他要求，进行危险源辨识和风险评价，评审的结果将作为制定安全方针、管理方案、编制体系文件的基础。

5. 制定方针、目标、指标的管理方案

方针是组织对其安全行为的原则和意图的声明，也是组织自觉承担其责任和义务的承诺。方针不仅为组织确定了总的指导方向和行动准则，还是评价一切后续活动的依据，并为更加具体的目标和指标提供一个框架。

安全目标、指标的制定是组织为了实现其在安全方针中所体现出的管理理念及其对整体绩效的期许与原则，与企业的总目标相一致。

管理方案是实现目标、指标的行动方案。为保证安全管理体系的实现，需结合年度管理目标和企业客观实际情况，策划制定安全管理方案。该方案应明确实现目标、指标的相关部门的职责、方法、时间表以及资源的要求。

第三节 施工安全控制与安全应急预案

一、施工安全控制

（一）安全操作要求

1. 爆破作业

（1）爆破器材的运输

气温低于 10℃运输易冻的硝化甘油炸药时，应采取防冻措施；气温低于 -15℃运输硝化甘油炸药时，也应采取防冻措施；禁止用翻斗车、自卸汽车、拖车、机动三轮车、人力三轮车、摩托车和自行车等运输爆破器材；运输炸药雷管时，装车高度要低于车厢 10cm，车厢、船底应加软垫，雷管箱不许倒放或立放，层间也应垫软垫；水路运输爆破器材，停泊地点距岸上建筑物不得小于 250m；汽车运输爆破器材，汽车的排气管宜设在车前下侧，并应设置防火罩装置；汽车在视线良好的情况下行驶时，时速不得超过 20km（工区内不得超过 15km）；在弯多坡陡、路面狭窄的山区行驶，时速应保持在 5km 以内；平坦道路行车间距应大于 50m，上下坡应大于 300m。

（2）爆破

明挖爆破音响依次发出预告信号（现场停止作业，人员迅速撤离）、准备信号、起爆信号、解除信号。检查人员确认安全后，由爆破作业负责人通知警报室发出解除信号。在特殊情况下，如准备工作尚未结束，应由爆破负责人通知警报室延后发布起爆信号，并用广播器通知现场全体人员。装药和堵塞应使用木、竹制作的炮棍，严禁使用金属棍棒装填。

深孔、竖井、倾角大于 30° 的斜井，有瓦斯和粉尘爆炸危险等工作面的爆破，禁止采用火花起爆；炮孔的排距较密时，导火索的外露部分不得超过 1.0m，以防止导火索互相交错而起火；一人连续单个点火的火炮，暗挖不得超过 5 个，明挖不得超过 10 个，并应在爆破负责人指挥下，做好分工及撤离工作；当信号炮响后，全部人员应立即撤出炮区，迅速到安全地点掩蔽；点燃导火索应使用专用点火工具，禁止使用火柴和打火机等。

导爆索只准用快刀切割，不得用剪刀剪断导爆索；支线要顺主线传爆方向连接，搭接长度不应少于 15cm，支线与主线传爆方向的夹角应不大于 90°；起爆导爆索的雷管，其聚能穴应朝向导爆索的传爆方向；导爆索交叉敷设时，应在两根交叉爆索之间设置厚度不小于 10cm 的木质垫板；连接导爆索中间不应出现断裂破皮、打结或打圈的现象。

用导爆管起爆时，应设计起爆网络，并进行传爆试验；网络中所使用的连接元件应经过检验合格；禁止导爆管打结，禁止在药包上缠绕；网络的连接处应牢固，两元件应相距2m；敷设后应严加保护，防止冲击或损坏；一个8号雷管起爆导爆管的数量不宜超过40根，层数不宜超过3层，只有确认网络连接正确，与爆破无关人员已经撤离，才准许接入引爆装置。

2. 起重作业

钢丝绳的安全系数应符合有关规定。根据起重机的额定负荷，计算好每台起重机的吊点位置，最好采用平衡梁抬吊。每台起重机所分配的荷重不得超过其额定负荷的75%~80%。应有专人统一指挥，指挥者应站在两台起重机司机都能看到的位置。重物应保持水平，钢丝绳应保持铅直受力均衡。具备经有关部门批准的安全技术措施。起吊重物离地面10cm时，应停机检查绳扣、吊具和吊车刹车的可靠性，仔细观察周围有无障碍物。确认无问题后，方可继续起吊。

3. 脚手架拆除作业

拆脚手架前，必须将电气设备和其他管、线、机械设备等拆除或加以保护。拆脚手架时，应统一指挥，按顺序自上而下进行，严禁上下层同时拆除或自下而上进行。拆下的材料，禁止往下抛掷，应用绳索捆牢，用滑车、卷扬等方法慢慢放下来，集中堆放在指定地点。拆脚手架时，严禁采用将整个脚手架推倒的方法进行拆除。三级、特级及悬空高处作业使用的脚手架拆除时，必须事先制定安全可靠的措施才能进行拆除。拆除脚手架的区域内，无关人员禁止逗留和通过，在交通要道应设专人警戒。架子搭成后，未经有关人员同意，不得任意改变脚手架的结构和拆除部分杆子。

4. 常用安全工具

安全帽、安全带、安全网等施工生产使用的安全防护用具，应符合国家规定的质量标准，具有厂家安全生产许可证、产品合格证和安全鉴定合格证书，否则不得采购、发放和使用。高处临空作业应按规定架设安全网，作业人员使用的安全带，应挂在牢固的物体上或可靠的安全绳上，安全带严禁低挂高用。挂安全带用的安全绳，不宜超过3m。在有毒有害气体可能泄漏的作业场所，应配置必要的防毒护具，以备急用，并及时检查维修更换，保证其处在良好的待用状态。电气操作人员应根据工作条件选用适当的安全电工用具和防护用品，电工用具应符合安全技术标准并定期检查，凡不符合技术标准要求的绝缘安全用具、登高作业安全工具、携带式电压和电流指示器以及检修中的临时接地线等，均不得使用。

（二）安全控制要点

1. 一般脚手架安全控制要点

（1）脚手架搭设之前应根据工程的特点和施工工艺要求确定搭设（包括拆除）施工方案。

（2）脚手架必须设置纵、横向扫地杆。

（3）高度在24m以下的单、双排脚手架均必须在外侧立面的两端各设置一道剪刀撑并应由底至顶连续设置中间各道剪刀撑。剪刀撑及横向斜撑搭设应随立杆、纵向和横向水平杆等同步搭设，各底层斜杆下端必须支撑在垫块或垫板上。

（4）高度在24m以下的单、双排脚手架宜采用刚性连墙件与建筑物可靠连接，亦可采用拉筋和顶撑配合使用的附墙连接方式，严禁使用仅有拉筋的柔性连墙件。24m以上的双排脚手架必须采用刚性连墙件与建筑物可靠连接，连墙件必须采用可承受拉力和压力的构造。50m以下（含50m）脚手架连墙件，应按3步3跨进行布置，50m以上的脚手架连墙件应按2步3跨进行布置。

2. 一般脚手架检查与验收程序

脚手架的检查与验收应由项目经理组织项目施工、技术、安全，作业班组负责人等有关人员参加，按照技术规范、施工方案、技术交底等有关技术文件对脚手架进行分段验收，在确认符合要求后方可投入使用。

3. 附着式升降脚手架，整体提升脚手架或爬架作业安全控制要点

附着式升降脚手架（整体提升脚手架或爬架）作业要针对提升工艺和施工现场作业条件编制专项施工方案，专项施工方案包括设计、施工、检查、维护和管理等全部内容。

安装搭设必须严格按照设计要求和规定程序进行，安装后经验收并进行荷载试验，确认符合设计要求后，方可正式使用。

进行提升和下降作业时，架上人员和材料的数量不得超过设计规定并尽可能减少。

升降前必须仔细检查附着连接和提升设备的状态是否良好，发现异常应及时查找原因并采取措施解决。

升降作业应统一指挥、协调动作。

在安装、升降、拆除作业时，应划定安全警戒范围并安排专人进行监护。

4. 洞口、临边防护控制

（1）洞口作业安全防护基本规定

第一，各种楼板与墙的洞口按其大小和性质应分别设置牢固的盖板、防护栏杆、安全网或其他防坠落的防护设施。

第二，坑槽、桩孔的上口柱形、条形等基础的上口以及天窗等处都要作为洞口采取符合规范的防护措施。

第三，楼梯口、楼梯口边应设置防护栏杆或者用正式工程的楼梯扶手代替临时防护栏杆。

第四，井口除设置固定的栅门外还应在电梯井内每隔两层不大于10m处设一道安全平网进行防护。

第五，在建工程的地面入口处和施工现场人员流动密集的通道上方应设置防护棚，防止因落物产生物体打击事故。

第六，施工现场大的坑槽、陡坡等处除需设置防护设施与安全警示标牌外，夜间还应设红灯示警。

（2）洞口的防护设施要求

第一，楼板、屋面和平台等面上短边尺寸为2.5~25cm的孔口必须用坚实的盖板盖严，盖板要有防止挪动移位的固定措施。

第二，楼板面等处边长为25~50cm的洞口、安装预制构件时的洞口以及因缺件临时形成的洞口可用竹、木等做盖板盖住洞口，盖板要保持四周搁置均衡并有固定其位置不发生挪动移位的措施。

第三，边长为50~150cm的洞口必须设置一层以扣件连接钢管而成的网格栅，并在其上满铺竹篱笆或脚手板，也可采用贯穿于混凝土板内的钢筋构成防护网栅、钢盘网格，间距不得大于20cm。

第四，边长在150cm以上的洞口四周必须设防护栏杆，洞口下方设安全平网防护。

（3）施工用电安全控制

①施工现场临时用电设备在5台及以上或设备总容量在50kW及以上者应编制用电组织设计。临时用电设备在5台以下和设备总容量在50kW以下者应制定安全用电和电气防火措施。

②变压器中性点直接接地的低压电网临时用电工程必须采用TN-S接零保护系统。

③当施工现场与外线路共用同一供电系统时，电气设备的接地、接零保护应与原系统保持一致，不得一部分设备做保护接零，另一部分设备做保护接地。

④配电箱的设置

第一，施工用电配电系统应设置总配电箱、配电柜、分配电箱、开关箱，并按照“总－分－开”顺序做分级设置形成“三级配电”模式。

第二，施工用电配电系统各配电箱、开关箱的安装位置要合理。总配电箱配电柜要尽量靠近变压器或外电源处以便电源的引入。分配电箱应尽量安装在用电设备或负荷相对集中区域的中心地带，确保三相负荷保持平衡。开关箱安装的位置应视现场情况和工况尽量靠近其控制的用电设备。

第三，为保证临时用电配电系统三相负荷平衡施工现场的动力用电和照明用电应形成两个用电回路，动力配电箱与照明配电箱应该分别设置。

第四，施工现场所有用电设备必须有各自专用的开关箱。

第五，各级配电箱的箱体和内部设置必须符合安全规定，开关电器应标明用途，箱体应统一编号。停止使用的配电箱应切断电源，箱门上锁。固定式配电箱应设围栏并有防雨防砸措施。

⑤电器装置的选择与装配

在开关箱中作为末级保护的漏电保护器，其额定漏电动作电流不应大于30mA，额定漏电动作时间不应大于0.1s，在潮湿、有腐蚀性介质的场所中，漏电保护器要选用防溅型的产品，其额定漏电动作电流不应大于15mA，额定漏电动作时间不应大于0.1s。

⑥施工现场照明用电

第一，在坑、洞、井内作业，夜间施工或厂房、道路、仓库、办公室、食堂、宿舍、料具堆放场所及自然采光差的场所应设一般照明、局部照明或混合照明。一般场所宜选用额定电压220V的照明器。

第二，隧道、人防工程、高温、有导电灰尘、比较潮湿或灯具离地面高度低于2.5m等场所的照明电源电压不得大于36V。

第三，潮湿和易触及带电体场所的照明电源电压不得大于24V。

第四，特别潮湿场所、导电良好的地面、锅炉或金属容器内的照明电源电压不得大于12V。

第五，照明变压器必须使用双绕组型安全隔离变压器，严禁使用自耦变压器。

第六，室外220V灯具距地面不得低于3m，室内220V灯具距地面不得低于2.5m。

（4）垂直运输机械安全控制

①外用电梯安全控制要点

第一，外用电梯在安装和拆卸之前必须针对其类型特点说明书的技术要求，结合施工现场的实际情况制定详细的施工方案。

第二，外用电梯的安装和拆卸作业必须由取得相应资质的专业队伍进行安装完毕，经验收合格取得政府相关主管部门核发的准用证后方可投入使用。

第三，外用电梯在大雨、大雾和六级及六级以上大风天气时应停止使用。暴风雨过后应组织对电梯各有关安全装置进行一次全面检查。

②塔式起重机安全控制要点

第一，塔吊在安装和拆卸之前必须针对类型特点说明书的技术要求结合作业条件制定详细的施工方案。

第二，塔吊的安装和拆卸作业必须由取得相应资质的专业队伍进行安装完毕，经验收合格取得政府相关主管部门核发的准用证后方可投入使用。

第三，遇六级及六级以上大风等恶劣天气应停止作业将吊钩升起。行走式塔吊要夹好轨钳。当风力达十级以上时应在塔身结构上设置缆风绳或采取其他措施加以固定。

二、安全应急预案

（一）事故应急预案

为控制重大事故的发生，防止事故蔓延，有效地组织抢险和救援，政府和生产经营单位应对已初步认定的危险场所和部位进行风险分析。对认定的危险有害因素和重大危险源，应事先对事故后果进行模拟分析，预测重大事故发生后的状态、人员伤亡情况及设备破坏和损失程度，以及由于物料的泄漏可能引起的火灾、爆炸、有毒有害物质扩散对单位可能造成的影响。

依据预测，提前制定重大事故应急预案，组织、培训事故应急救援队伍，配备事故应急救援器材，以便在重大事故发生后，能及时按照预定方案进行救援，在最短时间内使事故得到有效控制。

（二）应急预案的编制

事故应急预案的编制过程可分为四个步骤。

1. 成立事故预案编制小组

应急预案的成功编制需要有关职能部门和团体的积极参与，并达成一致意见，尤其是应寻求与危险直接相关的各方进行合作。成立事故应急预案编制小组是将各有关职能部门、各类专业技术有效结合起来的最佳方式，可有效地保证应急预案的准确性、完整性和实用性，而且为应急各方提供了一个非常重要的协作与交流机会，有利于统一应急各方的不同观点和意见。

2. 危险分析和应急能力评估

为了准确策划事故应急预案的编制目标和内容，应开展危险分析和应急能力评估工作。为有效开展此项工作，预案编制小组首先应进行初步的资料收集，包括相关法律法规、应急预案、技术标准、国内外同行业事故案例分析、本单位技术资料、重大危险源等。

3. 应急预案编制

针对可能发生的事故，结合危险分析和应急能力评估结果等信息，按照应急预案的相关法律法规的要求编制应急救援预案。在应急预案编制过程中，应注意编制人员的参与和培训，充分发挥他们各自的专业优势，使他们掌握危险分析和应急能力的评估结果，明确应急预案的框架、应急过程行动重点以及应急衔接、联系要点等。同时编制的应急预案应充分利用社会应急资源，考虑与政府应急预案、上级主管单位以及相关部门的应急预案相衔接。

4. 应急预案的评审和发布

（1）应急预案的评审

为使预案切实可行、科学合理以及与实际情况相符，尤其是重点目标下的具体行动预案，编制前后需要组织有关部门、单位的专家、领导到现场进行实地勘察，如重点目标周围地形、环境、指挥所位置、分队行动路线、展开位置、人口疏散道路及流散地域等实地勘察、实地确定。经过实地勘察修改预案后，应急预案编制单位或管理部门还要依据我国有关应急的方针、政策、法律、法规、规章、标准和其他有关应急预案编制的指南性文件与评审检查表，组织有关部门、单位的领导和专家进行评议，取得政府有关部门和应急机构的认可。

（2）应急预案的发布

事故应急救援预案经评审通过后，应由最高行政负责人签署发布，并报送有关部门和应急机构备案。预案经批准发布后，应组织落实预案中的各项工作，如开展应急预案宣传、教育和培训，落实应急资源并定期检查，组织开展应急演习和训练，建立电子化的应急预案，对应急预案实施动态管理与更新，并不断完善。

（三）事故应急预案主要内容

一个完整的事故应急预案主要包括以下六个方面的内容：

1. 事故应急预案概况

事故应急预案概况主要描述生产经营单位状况以及危险特性状况等，同时对紧急情况下事故应急救援紧急事件、适用范围提供简述并做必要说明，如明确应急方针与原则，作为开展应急的纲领。

2. 预防程序

预防程序是对潜在事故、可能的次生与衍生事故进行分析，并说明所采取的预防和控制事故的措施。

3. 准备程序

准备程序应说明应急行动前所需采取的准备工作，包括应急组织及其职责权限、应急队伍建设和人员培训、应急物资的准备、预案的演练、公众的应急知识培训、签订互助协议等。

4. 应急程序

在事故应急救援过程中，存在一些必需的核心功能和任务，如接警与通知、指挥与控制、警报和紧急公告、通信、事态监测与评估、警戒与治安、人群疏散与安置、医疗与卫生、公共关系、应急人员安全、消防和抢险、泄漏物控制等，无论何种应急过程都必须围绕上述功能和任务开展。

5. 恢复程序

恢复程序是说明事故现场应急行动结束后所需采取的清除和恢复行动。现场恢复是在事故被控制住后进行的短期恢复，从应急过程来说意味着事故应急救援工作的结束，并进入到另一个工作阶段，即将现场恢复到一个基本稳定的状态。经验教训表明，在现场恢复的过程中往往仍存在潜在的危险，如余烬复燃、受损建筑物倒塌等，所以，应充分考虑现场恢复过程中的危险，制定恢复程序，防止事故再次发生。

6. 预案管理与评审改进

事故应急预案是事故应急救援工作的指导文件。应当对预案的制定、修改、更新、批准和发布做出明确的管理规定，保证定期或在应急演习、事故应急救援后对事故应急预案进行评审，针对各种变化情况以及预案中所暴露出的缺陷，不断地完善事故应急预案体系。

（四）应急预案的内容

综合应急预案是应急预案体系的总纲，主要从总体上阐述事故的应急工作原则，包括应急组织机构及职责、应急预案体系、事故风险描述、预警及信息报告、应急响应、保障措施、应急预案管理等内容。

专项应急预案是为应对某一类型或某几种类型事故，或者针对重要生产设施、重大危险源、重大活动等内容而制定的应急预案。专项应急预案主要包括事故风险分析、应急指挥机构及职责、处置程序和措施等内容。

现场处置方案是根据不同事故类别，针对具体的场所、装置或设施所制定的应急处置措施，主要包括事故风险分析、应急工作职责、应急处置和注意事项等内容。水利水电工程建设参建各方应根据风险评估、岗位操作规程以及危险性控制措施，组织本单位现场作业人员及相关专业人员共同编制现场处置方案。

应急预案应形成体系，针对各级各类可能发生的事故和所有危险源制定专项应急预案和现场处置方案，并明确事前、事发、事中、事后各个过程中相关单位、部门和有关人员的职责。水利水电工程建设项目应根据现场情况，详细分析现场具体风险（如某处易发生滑坡事故），编制现场处置方案，主要由施工企业编制，监理单位审核，项目法人备案；分析工程现场的风险类型（如人身伤亡），编写专项应急预案，由监理单位与项目法人起草，相关领导审核，向各施工企业发布；综合分析现场风险、应急行动、措施和保障等基本要求和程序，编写综合应急预案，由项目法人编写，项目法人领导审批，向监理单位、施工企业发布。

由于综合应急预案是综述性文件，因此需要要素全面，而专项应急预案和现场处置方案的要素重点在于制定具体救援措施，因此对于单位概况等基本要素不做内容要求。

（五）应急预案的编制步骤

1. 成立预案编制工作组

水利水电工程建设参建各方应结合本单位实际情况，成立以主要负责人为组长的应急预案编制工作组，明确编制任务、职责分工，制订工作计划，组织开展应急预案编制工作。应急预案编制需要安全、工程技术、组织管理、医疗急救等各方面的知识，因此应急预案编制工作组是由各方面的专业人员或专家、预案制定和实施过程中所涉及或受影响的部门负责人及具体执行人员组成。必要时，编制工作组也可以邀请地方政府相关部门、水行政主管部门或流域管理机构代表作为成员。

2. 收集相关资料

收集应急预案编制所需的各种资料是一项非常重要的基础工作。掌握相关资料的多少、资料内容的详细程度和资料的可靠性将直接关系到应急预案编制工作是否能够顺利进行，以及能否编制出质量较高的事故应急预案。

3. 风险评估

风险评估是编制应急预案的关键，所有应急预案都建立在风险分析的基础之上。在危险因素分析、危险源辨识及事故隐患排查、治理的基础上，确定本水利水电工程建设项目的危险源、可能发生的事故类型和后果，进行事故风险分析，并指出事故可能产生的次生、衍生事故及后果，形成分析报告，分析结果将作为事故应急预案的编制依据。

4. 应急能力评估

应急能力评估就是依据危险分析的结果，对应急资源准备状况的充分性和从事应急救援活动所具备的能力评估，以明确应急救援的需求和不足，为应急预案的编制奠定基础。水利水电工程建设项目应针对可能发生的事故及事故抢险的需要，实事求是地评估本工程的应急装备、应急队伍等应急能力。对于事故应急所需但本工程尚不具备的应急能力，应采取切实有效措施予以弥补。

5. 应急预案编制

在以上工作的基础上，针对本水利水电工程建设项目可能发生的事故，按照有关规定和要求，充分借鉴国内外同行业事故应急工作经验，编制应急预案。在应急预案编制过程中，应注重编制人员的参与和培训，充分发挥他们各自的专业优势，告知其风险评估和应急能力评估结果，明确应急预案的框架、应急过程行动的重点以及应急衔接、联系要点等。同时，应急预案应充分考虑和利用社会应急资源，并与地方政府、流域管理机构、水行政主管部门以及相关部门的应急预案相衔接。

6. 应急预案评审

（1）评审方法

应急预案评审分为形式评审和要素评审，评审可采取符合、基本符合、不符合三种方式简单判定。对于基本符合和不符合的项目，应给出指导性意见或建议。

①形式评审

依据有关规定和要求，对应急预案的层次结构、内容格式、语言文字和制定过程等内容进行审查。形式评审的重点是应急预案的规范性和可读性。

②要素评审

依据有关规定和标准，从符合性、适用性、针对性、完整性、科学性、规范性和衔接性等方面对应急预案进行评审。要素评审包括关键要素和一般要素。为细化评审，可采用列表方式分别对应急预案的要素进行评审。评审应急预案时，将应急预案的要素内容与表中的评审内容及要求进行对应分析，判断是否符合表中的要求，发现存在问题及不足。

关键要素指应急预案构成要素中必须规范的内容。这些要素内容涉及水利水电工程建设项目参建各方日常应急管理及应急救援时的关键环节，如应急预案中的危险源与风险分析、组织机构及职责、信息报告与处置、应急响应程序与处置技术等要素。

一般要素指应急预案构成要素中简写或可省略的内容。这些要素内容不涉及参建各方日常应急管理及应急救援时的关键环节，而是预案构成的基本要素，如应急预案中的编制目的、编制依据、适用范围、工作原则、单位概况等要素。

（2）评审程序

应急预案编制完成后，应在广泛征求意见的基础上，采取会议评审的方式进行审查，会议审查规模和参加人员根据应急预案涉及范围和重要程度确定。

①评审准备

应急预案评审应做好下列准备工作：

成立应急预案评审组，明确参加评审的单位或人员；

通知参加评审的单位或人员具体评审时间；

将被评审的应急预案在评审前送达至参加评审的单位或人员。

②会议评审

会议评审可按照下列程序进行：

介绍应急预案评审人员构成，推选会议评审组组长；

应急预案编制单位或部门向评审人员介绍应急预案编制或修订情况；

评审人员对应急预案进行讨论，提出修改和建设性意见；

应急预案评审组根据会议讨论情况，提出会议评审意见；

讨论通过会议评审意见，参加会议评审人员签字。

③意见处理

评审组组长负责对各位评审人员的意见进行协调和归纳，综合提出预案评审的结论性意见。按照评审意见，对应急预案存在的问题以及不合格项进行分析研究，并对应急预案进行修订或完善。反馈意见要求重新审查的，应按照要求重新组织审查。

（3）评审要点

应急预案评审应包括下列内容：

①符合性

应急预案的内容是否符合有关法规、标准和规范的要求。

②适用性

应急预案的内容及要求是否符合单位实际情况。

③完整性

应急预案的要素是否符合评审表规定的要素。

④针对性

应急预案是否针对可能发生的事故类别、重大危险源、重点岗位部位。

⑤科学性

应急预案的组织体系、预防预警、信息报送、响应程序和处置方案是否合理。

⑥规范性

应急预案的层次结构、内容格式、语言文字等是否简洁明了，便于阅读和理解。

⑦衔接性

综合应急预案、专项应急预案、现场处置方案以及其他部门或单位预案是否衔接。

（六）应急预案管理

1. 应急预案备案

中央管理的企业综合应急预案和专项应急预案，报国务院国有资产监督管理部门、国务院安全生产监督管理部门和国务院有关主管部门备案；其所属单位的应急预案分别抄送所在地的省、自治区、直辖市或者设区的市人民政府安全生产监督管理部门和有关主管部门备案。

受理备案登记的安全生产监督管理部门及有关主管部门应当对应急预案进行形式审查，经审查符合要求的，予以备案并出具应急预案备案登记表；不符合要求的，不予备案并说明理由。

2. 应急预案宣传与培训

应急预案宣传和培训工作是保证预案贯彻实施的重要手段，是增强参建人员应急意识，提高事故防范能力的重要途径。

水利水电工程建设参建各方应采取不同方式开展安全生产应急管理知识和应急预案的宣传和培训工作。对本单位负责应急管理工作的人员以及专职或兼职应急救援人员进行相应的知识和专业技能培训；同时，加强对安全生产关键责任岗位员工的应急培训，使其掌握生产安全事故的紧急处置方法，增强自救互救和第一时间处置事故的能力。在此基础上，确保所有从业人员具备基本的应急技能，熟悉本单位应急预案，掌握本岗位事故防范与处置措施和应急处置程序，提高应急水平。

3. 应急预案演练

应急预案演练是应急准备的一个重要环节。通过演练，可以检验应急预案的可行性和应急反应的准备情况；通过演练，可以发现应急预案存在的问题，完善应急工作机制，提高应急反应能力；通过演练，可以锻炼队伍，提高应急队伍的作战能力，熟悉操作技能；通过演练，可以教育参建人员，增强其危机意识，提高安全生产工作的自觉性。为此，预案管理和相关规章中都应有对应急预案演练的要求。

4. 应急预案修订与更新

应急预案必须与工程规模、机构设置、人员安排、危险等级、管理效率及应急资源等状况相一致。随着时间的推移，应急预案中包含的信息可能会发生变化。因此，为了不断完善和改进应急预案并保持预案的时效性，水利水电工程建设参建各方应根据本单位实际情况，及时更新和修订应急预案。

应急预案修订前，应组织对应急预案进行评估，以确定是否需要进行修订以及哪些内容需要修订。通过对应急预案更新与修订，可以保证应急预案的持续适应性。同时，更新的应急预案内容应通过有关负责人认可，并及时通告相关单位、部门和人员；修订的预案版本应经过相应的审批程序，并及时发布和备案。

第四节　安全健康管理体系与安全事故处理

一、安全健康管理体系认证

职业健康安全管理目标是使企业的职业伤害事故、职业病持续减少。实现这一目标的重要组织保证体系，是企业建立持续有效并不断改进的职业健康安全管理体系（Occupational safety and health management systems，简称 OSHMS）。其核心是要求企业采用现代化的管理模式，使包括安全生产管理在内的所有生产经营活动科学、规范并有效，通过建立安全健康风险的预测、评价、定期审核和持续改进、完善机制，从而预防事故发生和控制职业危害。

（一）管理体系认证程序

建筑企业可参考如下步骤来制订、建立与实施职业安全健康管理体系的推进计划。

1. 学习与培训

职业安全健康管理体系的建立和完善的过程，是始于教育、终于教育的过程，也是提高认识和统一认识的过程。教育培训要分层次、循序渐进地进行，需要企业所有人员的参与和支持。在全员培训的基础上，要有针对性地抓好管理层和内审员的培训。

2. 初始评审

初始评审的目的是为职业安全健康管理体系的建立和实施提供基础，为职业安全健康管理体系的持续改进建立绩效基准。

初始评审主要包括以下内容：

（1）收集相关的职业安全健康法律、法规和其他要求，对其适用性及需遵守的内容进行确认，并对遵守情况进行调查和评价；

（2）对现有的或计划的建筑施工相关活动进行危害辨识和风险评价；

（3）确定现有措施或计划采取的措施是否能够消除危害或控制风险；

（4）对所有现行职业安全健康管理的规定、过程和程序等进行检查，并评价其对管理体系要求的有效性和适用性；

（5）分析以往建筑安全事故情况以及员工健康监护数据等相关资料，包括人员伤亡、职业病、财产损失的统计、防护记录和趋势分析；

（6）对现行组织机构、资源配备和职责分工等进行评价。

初始评审的结果应形成文件，并作为建立职业安全健康管理体系的基础。

3. 体系策划

根据初始评审的结果和本企业的资源，进行职业安全健康管理体系的策划。策划工作主要包括：

（1）确立职业安全健康方针；

（2）制定职业安全健康体系目标及其管理方案；

（3）结合职业安全健康管理体系要求进行职能分配和机构职责分工；

（4）确定职业安全健康管理体系文件结构和各层次文件清单；

（5）为建立和实施职业安全健康管理体系准备必要的资源；

（6）文件编写。

4. 体系试运行

各个部门和所有人员都要按照职业安全健康管理体系的要求开展相应的安全健康管理和建筑施工活动，对职业安全健康管理体系进行试运行，以检验体系策划与文件化规定的充分性、有效性和适宜性。

5. 评审完善

通过职业安全健康管理体系的试运行，特别是依据绩效监测、审核以及管理评审的结果，检查与确认职业安全健康管理体系各要素是否按照计划安排有效运行，是否达到了预期的目标，并采取相应的改进措施，使所建立的职业安全健康管理体系得到进一步的完善。

（二）管理体系认证的重点

1. 建立健全组织体系

建筑企业的最高管理者应对保护企业员工的安全与健康负全面责任，并应在企业内设立各级职业安全健康管理的领导岗位，针对那些对施工活动、设施（设备）和管理过程的职业安全健康风险有一定影响的从事管理、执行和监督的各级管理人员，规定其作用、职责和权限，以确保职业安全健康管理体系的有效建立、实施与运行并实现职业安全健康目标。

2. 全员参与及培训

建筑企业为了有效地开展体系化的策划、实施、检查与改进工作，必须基于相应的培训来确保所有相关人员均具备必要的职业安全健康知识，熟悉有关安全生产规章制度和安全操作规程，正确使用和维护安全和职业病防护设备及个体防护用品，具备本岗位的安全健康操作技能，及时发现和报告事故隐患或者其他安全健康危险因素。

3. 协商与交流

建筑企业应通过建立有效的协商与交流机制，确保员工及其代表在职业安全健康方面的权利，并鼓励他们参与职业安全健康活动，促进各职能部门之间的职业安全健康信息交流和及时接收处理相关方关于职业安全健康方面的意见和建议，为实现建筑企业职业安全健康方针和目标提供支持。

4. 应急预案与响应

建筑企业应依据危害体系文件的层次关系知识、风险评价和风险控制的结果、法律法规等的要求，以往事故、事件和紧急状况的经历以及应急响应演练及改进措施效果的评审结果，针对施工安全事故、火灾、安全控制设备失灵、特殊气候、突然停电等潜在事故或紧急情况从预案与响应的角度建立并保持应急计划。

5. 评价

评价的目的是要求建筑企业定期或及时地发现其职业安全健康管理体系的运行过程或体系自身存在的问题，并确定出问题产生的根源或需要持续改进的地方。体系评价主要包括绩效测量与监测、事故和事件以及不符合的调查、审核、管理评审。

6. 改进措施

改进措施的目的是要求建筑企业针对组织职业安全健康管理体系绩效测量与监测、事故和事件，以及不符合的调查、审核以及管理评审活动所提出的纠正与预防措施的要求，制定具体的实施方案并予以保持，确保体系的自我完善功能，并依据管理评审等评价的结果，不断寻求方法持续改进建筑企业自身职业安全健康管理体系及其职业安全健康绩效，从而不断消除、降低或控制各类职业安全健康危害和风险。职业安全健康管理体系的改进措施主要包括纠正与预防措施和持续改进两个方面。

二、安全事故处理

水利工程施工安全是指在施工过程中，工程组织方应该采取必要的安全措施和手段来保证施工人员的生命和健康安全，降低安全事故的发生概率。

（一）概述

1. 概念

工伤事故是企业员工在为公司或工厂进行施工建设中因为某种原因造成的伤亡事故。从目前的情况来看，除了施工单位的员工以外，工伤事故的发生群体还包括民工、临时工和参加生产劳动的学生、教师、干部等。

2. 伤亡事故的分类

一般来说，伤亡事故的分类都是根据受伤害者受到的伤害程度进行划分的。

（1）轻伤

轻伤是职工受到伤害程度最低的一种工伤事故，按照相关法律的规定，员工如果受到轻伤而造成歇工一天或一天以上就应视为轻伤事故处理。

（2）重伤事故

重伤的情况分为很多种，一般来说凡是有下列情况之一者，都属于重伤，做重伤事故处理。

①经医生诊断成为残废或可能成为残废的。

②伤势严重，需要进行较大手术才能挽救的。

③人体要害部位严重灼伤、烫伤或非要害部位，但灼伤、烫伤占全身面积 1/3 以上的；严重骨折，严重脑震荡等。

④眼部受伤较重，对视力产生影响，甚至有失明可能的。

⑤手部伤害：大拇指轧断一切的，食指、中指、无名指任何一只轧断两节或任何两只轧断一节的局部肌肉受伤严重，引起机能障碍，有不能自由伸屈的残废可能的。

⑥脚部伤害：一脚脚趾轧断三只以上的，局部肌肉受伤甚剧，有不能行走自如残废的可能的；内部伤害，内脏损伤、内出血或伤及腹膜等。

⑦其他部位伤害严重的：不在上述各点内，经医师诊断后，认为受伤较重，根据实际情况由当地劳动部门审查认定。

（3）多人事故

在施工过程中如果出现多人（3 人或 3 人以上）受伤的情况，那么应认定为多人工伤事故处理。

（4）急性中毒

急性中毒是指由于食物、饮水、接触物等原因造成的员工中毒。急性中毒会对受害者的机体造成严重的伤害，一般作为工伤事故处理。

（5）重大伤亡事故

重大伤亡事故是指在施工过程中，由于事故造成一次死亡 1~2 人的事故，应作重大伤亡处理。

（6）多人重大伤亡事故

多人重大伤亡事故是指在施工过程中，由于事故造成一次死亡 3 人或 3 人以上 10 人以下的重大工伤事故。

（7）特大伤亡事故

特大伤亡事故是指在施工过程中，由于事故造成一次死亡 10 人或 10 人以上的伤亡事故。

（二）事故处理程序

一般来说如果在施工过程中发生重大伤亡事故，企业负责人员应在第一时间组织伤员的抢救，并及时将事故情况报告给各有关部门，具体来说主要分为以下三个主要步骤。

1. 迅速抢救伤员、保护好事故现场

在工伤事故发生之后，施工单位的负责人应迅速组织人员对伤员展开抢救，并拨打 120 急救热线，另外，还要保护好事故现场，帮助劳动责任认定部门进行劳动责任认定。

2. 组织调查组

轻伤、重伤事故，由企业负责人或其指定人员组织生产、技术、安全等部门及工会组成事故调查组，进行调查；伤亡事故，由企业主管部门会同同级行政安全管理部门、公安部门、监察部门、工会组成事故调查组，进行调查。死亡和重大死亡事故调查组应邀请人民检察院参加，还可邀请有关专业技术人员参加，与发生事故有直接利害关系的人员不得参加调查组。

3. 现场勘察

（1）做出笔录

通常情况下，笔录的内容包括事发时间、地点以及气象条件等；现场勘察人员的姓名、单位、职务；现场勘察起止时间、勘察过程；能量逸散所造成的破坏情况、状态、程度；设施设备损坏情况及事故发生前后的位置；事故发生前的劳动组合，现场人员的具体位置和行动；重要物证的特征、位置及检验情况等。

（2）实物拍照

实物拍照包括方位拍照，反映事故现场周围环境中的位置；全面拍照，反映事故现场各部位之间的联系；中心拍照，反映事故现场中心情况；细目拍照，提示造成事故直接原因的痕迹物、致害物；人体拍照，反映伤亡者主要受伤和造成伤害的部位。

（3）现场绘图

根据事故的类别和规模以及调查工作的需要应绘制建筑物平面图、剖面图，事故发生时人员位置及疏散图，破坏物立体图或展开图，涉及范围图，设备或工、器具构造图等。

（4）分析事故原因、确定事故性质

分析的步骤和要求是：

①通过详细的调查，查明事故发生的经过；

②整理和仔细阅读调查资料，对受伤部位、受伤性质、起因物、致害物、伤害方法、不安全行为和不安全状态等七项内容进行分析；

③根据调查所确认的事实，从直接原因入手，逐渐深入间接原因，通过对原因的分析、确定出事故的直接责任者和领导责任者，根据在事故发生中的作用，找出主要责任者；

④确定事故的性质，如责任事故、非责任事故或破坏性事故。

（5）写出事故调查报告

事故调查组应着重把事故发生的经过、原因、责任分析和处理意见以及本次事故的教训和改进工作的建议等写成报告，让调查组全体人员签字后报批。如内部意见不统一，应进一步弄清事实，对照政策法规反复研究，统一认识。对于个别同志仍持有不同意见的，可在签字时写明自己的意见。

（6）事故的审理和结案

建设部对事故的审批和结案有以下几点要求：

①事故调查处理结论，应经有关机关审批后，方可结案，伤亡事故处理工作应当在90日内结案，特殊情况不得超过180日；

②事故案件的审批权限，同企业的隶属关系及人事管理权限一致；

③对事故责任人的处理，应根据其情节轻重和损失大小，谁有责任、主要责任、其次责任、重要责任、一般责任，还是领导责任等，按规定给予处分；

④要把事故调查处理的文件、图纸、照片、资料等记录长期完整地保存起来。

第八章　价值工程在水利建设与管理中的应用

第一节　价值工程的基本理论及方法

价值工程（VE，Value Engineering）是以提高产品或作业价值为目的，通过有组织的创造性工作，寻求用最低的寿命周期成本，可靠地实现使用者所需功能的一种管理技术。

一、价值工程及其工作程序

（一）价值工程的基本原理

1. 价值工程及其特点

价值工程是以提高产品或作业价值为目的，通过有组织的创造性工作，寻求用最低的寿命周期成本，可靠地实现使用者所需功能的一种管理技术。其数学表达式为：

$V=F/C$

式中 V——研究对象的价值；

F——研究对象的功能；

C——研究对象的成本，即寿命周期成本。

由此可见，价值工程涉及价值、功能和寿命周期成本三个基本要素，其具有以下特点：

（1）价值工程的目标，是以最低的寿命周期成本，使产品具备它所必须具备的功能。产品的寿命周期成本由生产成本（C1）和使用及维护成本（C2）组成。在一定范围内，产品的生产成本和使用成本存在此消彼长的关系，在寿命周期成本为最小值 Cmin 时所对应的功能水平 F，产品功能既能满足用户的需求，又使寿命周期成本比较低，体现了比较理想的功能与成本之间的关系。

（2）价值工程的核心，是对产品进行功能分析。功能是指对象能够满足某种要求的一种属性。企业生产的目的，也是通过生产获得用户所期望的功能，而结构、材质等是实现这些功能的手段。目的是主要的，手段可以广泛地选择。因此，价值工程分析产品，首先不是分析其结构，而是分析其功能，在分析功能的基础之上，再去研究结构、材质等问题。

（3）价值工程将产品价值、功能和成本作为一个整体同时来考虑，是在确保产品功能的基础上综合考虑生产成本和使用成本，兼顾生产者和用户的利益，从而创造出总体价值最高的产品。

（4）价值工程强调不断改革和创新，开拓新构思和新途径，获得新方案、创造新功能载体，从而简化产品结构，节约原材料，提高产品的技术经济效益。

（5）价值工程要求将功能定量化，即将功能转化为能够与成本直接相比的量化值。

（6）价值工程是以集体智慧开展的有计划、有组织的管理活动。价值工程研究的问题涉及产品的整个寿命周期，涉及面广，研究过程复杂。因此，企业在开展价值工程活动时，必须集中人才，包括技术人员、经济管理人员、有经验的工作人员，甚至用户，以适当的组织形式组织起来，共同研究，依靠集体的智慧和力量，发挥各方面、各环节人员的知识、经验和积极性，有计划、有领导、有组织地开展活动，才能达到既定的目标。

为了便于在具体工作中使用价值工程，价值工程也可按下式表达：

$V=C1/C2$

式中 V——研究对象的价值；

C1——研究对象的功能评价值或目标成本；

C2——研究对象现实成本或寿命周期成本。

2. 提高产品价值的途径

价值工程的基本原理公式 $V=F/C$，不仅深刻地反映了产品价值与产品功能和实现此功能所耗成本之间的关系，而且也为如何提高价值提供了有效途径。提高产品价值的途径有以下五种：

（1）在提高产品功能的同时，又降低产品成本，这是提高价值最为理想的途径。

（2）在产品成本不变的条件下，通过提高产品的功能，达到提高产品价值的目的。

（3）保持产品功能不变的前提下，通过降低成本达到提高产品价值的目的。

（4）产品功能有较大幅度提高，产品成本有较少提高。

（5）在产品功能略有下降，产品成本大幅度降低的情况下，也可以达到提高产品价值的目的。

（二）价值工程的基本工作程序

价值工程的工作过程，实质是针对产品的功能和成本提出问题、分析问题、解决问题的过程。针对价值工程的研究对象，整个活动是围绕着七个基本问题的明确和解决而系统地展开的。这七个基本问题是：价值工程的研究对象是什么？其是干什么用的？其成本是多少？其价值是多少？有其他的方案能实现这个功能吗？新方案的成本是多少？新方案能否满足要求？这七个问题决定了价值工程的一般工作程序。

二、对象选择及信息资料收集

价值工程的对象选择过程就是逐步收缩研究范围、寻找目标、确定主攻方向的过程，因为生产建设中的技术经济问题很多，涉及的范围也很广，为了节省资金，提高效率，只能精选其中的一部分来实施，并非企业生产的全部产品，也不一定是构成产品的全部零部件。因此，能否正确选择对象是价值工程收效大小与成败的关键。

（一）对象选择的一般原则

价值工程的目的在于提高产品价值，研究对象的选择要从市场需要出发，结合本企业实力，系统考虑。

1. 对象选择的原则

（1）从设计方面看

对产品结构复杂、性能和技术指标差距大、体积大、重量大的产品进行价值工程活动，可使产品结构、性能、技术水平得到优化，从而提高产品价值。

（2）从生产方面看

对量多面广、关键部位、工艺复杂、原材料消耗高和废品率高的产品或零部件，特别是对量多、产值比重大的产品，只要成本下降，所取得的经济效果就大。

（3）从市场销售方面看

选择用户意见多、系统配套差、维修能力低、竞争力差、利润率低的，选择生命周期较长的，选择市场上畅销但竞争激烈的，选择新产品、新工艺等。

（4）从成本方面看

选择成本高于同类产品、成本比重大的，如材料费、管理费、人工费等。推行价值工程就是要降低成本，以最低的寿命周期成本可靠地实现必要功能。

2. 对生产企业，有以下情况之一者，优先选择为价值工程的对象

（1）结构复杂或落后的产品。

（2）制造工序多或制造方法落后及手工劳动较多的产品。

（3）原材料种类繁多和互换材料较多的产品。

（4）在总成本中所占比重大的产品。

3. 对由各组成部分组成的产品，应优先选择以下部分作为价值工程的对象

（1）造价高的组成部分。

（2）占产品成本比重大的组成部分。

（3）数量多的组成部分。

（4）体积或重量大的组成部分。

（5）加工工序多的组成部分。

（6）废品率高和关键性的组成部分。

（二）对象选择的方法

价值工程对象的选择往往要兼顾定性分析和定量分析，因此对象选择的方法有多种，不同方法适宜不同的价值工程对象。应根据具体情况选用适当的方法，以取得较好的效果。

常用的方法如下：

1. 因素分析法

因素分析法又称经验分析法，是指根据价值工程对象选择应考虑的各种因素，凭借分析人员的经验集体研究确定选择对象的一种方法。它是一种定性分析方法，特别是在被研究对象彼此相差比较大以及时间紧迫的情况下比较适用。其缺点是缺乏定量依据，准确性较差，对象选择的正确与否主要决定于价值工程活动人员的经验及工作态度，有时难以保证分析质量。

2.ABC 分析法

ABC 分析法又称重点选择法或不均匀分布定律法，是应用数理统计分析的方法来选择对象，其基本原理为“关键的少数和次要的多数”，抓住关键的少数可以解决问题的大部分。在价值工程中，这种方法的基本思路是：把一个产品的各种部件（或企业各种产品）按成本的大小由高到低排列起来，绘成费用累计分布图，然后将占总成本 70%~80% 而占零部件总数 10%~20% 的零部件划分为 A 类部件；将占总成本 5%~10% 而占零部件总数 60%~80% 的零部件划分为 C 类部件；其余为 B 类。其中 A 类零部件是价值工程的主要研究对象。

ABC 分析法抓住成本比重大的零部件或工序作为研究对象，有利于集中精力重点突破，取得较大效果，同时简便易行，因此广泛为人们所采用。但在实际工作中，有时由于成本分配不合理，造成成本比重不大但用户认为功能重要的对象可能被漏选或排序推后，而这种情况应列为价值工程研究对象的重点。ABC 分析法的这一缺点可以通过经验分析法、强制确定法等方法来补充修正。

3. 强制确定法

强制确定法是以功能重要程度作为选择价值工程对象的一种分析方法。具体做法是先求出分析对象的成本系数、功能系数；然后求出价值系数，以揭示出分析对象的功能与成本之间是否相符。如果不相符，价值低的则被选为价值工程的研究对象。这种方法在功能评价和方案评价中也有应用。

强制确定法从功能与成本两方面综合考虑，比较适用、简便，不仅能明确揭示出价值工程的研究对象所在，而且具有数量概念。但这种方法是人为打分，不能准确地反映出功能差距的大小，只适用于部件间功能差别不大且比较均匀的对象，而且一次分析的部件数目也不能太多，以不超过 10 个为宜。在零部件很多时，可以先用 ABC 法、经验分析法选出重点部件，然后再用强制确定法细选；也可以用逐层分析法，从部件选起，然后在重点部件中选出重点零件。

4. 百分比分析法

这是一种通过分析某种费用或资源对企业某个技术经济指标的影响程度的大小（百分比）来选择价值工程对象的方法。

5. 价值指数法

这是通过比较各个对象（或零部件）之间的功能水平位次和成本位次，寻找价值较低的对象（零部件），并将其作为价值工程研究对象的一种方法。

（三）信息资料收集

当价值工程活动的对象选定以后，就要进一步开展情报收集工作，这是价值工程不可缺少的重要环节。通过信息收集，可以得到价值工程活动的依据、标准和对比的对象；通过对比又可以受到启发，打开思路，可以发现问题，找到差距，以明确解决问题的方向、方针和方法。价值工程所需的信息资料，应视具体情况而定，对于产品分析来说，一般应收集以下几方面的资料：

1. 用户方面的信息资料

收集这方面的信息资料是为了充分了解用户对象对产品的期待、要求，包括用户使用目的、使用环境和使用条件，以及用户对产品性能方面的要求、操作、维护和保养条件，对价格、配套零部件和服务方面的要求。

2. 市场销售方面的信息资料

市场销售方面的信息资料包括产品市场销售变化情况、市场容量，同行业竞争对手的规模、经营特点、管理水平，产品的产量、质量、售价、市场占有率、技术服务、用户反映等。

3. 技术方面的信息资料

技术方面的信息资料包括产品的各种功能、水平高低、实现功能的方式和方法。企业产品设计、工艺、制造等技术档案，企业内外、国内外同类产品的技术资料，如同类产品的设计方案、设计特点、产品结构、加工工艺、设备、材料、标准、新技术、新工艺、新材料、能源及三废处理等情况。

4. 经济方面的信息资料

成本是计算价值的必要依据，是功能成本分析的主要内容，应了解同类产品的价格、成本及构成（包括生产费、销售费、运输费、零部件成本、外构件、三废处理等）。

5. 本企业的基本资料

本企业的基本资料包括企业的经营方针、内部供应、生产、组织、生产能力及限制条件，销售情况以及产品成本等方面的信息资料。

6. 环境保护方面的信息资料

环境保护方面的信息资料包括环境保护的现状、“三废”状况、处理方法和国家法规标准。

7. 外协方面的信息资料

外协方面的信息资料包括外协单位状况，外协件的品种、数量、质量、价格、交货期等。

8. 政府和社会有关部门的法规、条例等方面的信息资料

政府和社会有关部门的法规、条例等方面的信息资料包括国家有关法规、条例、政策，

以及环境保护、公害等有关影响产品的资料。

收集的资料及信息一般需加以分析、整理，剔除无效资料，使用有效资料，以利于价值工程活动的分析研究。

三、功能的系统分析

功能分析是价值工程活动的核心和基本内容。它通过分析信息资料，用动词 + 名词组合的方式简明、正确地表达各对象的功能，明确功能特性要求，并绘制功能系统图，从而弄清楚产品各功能之间的关系，以便去掉不合理的功能，调整功能间的比重，使产品的功能结构更合理。通过功能分析，回答对象“是干什么用的”提问，从而准确地掌握用户的功能要求。

（一）功能分类

1. 按功能的重要程度分类，可分为基本功能和辅助功能。

2. 按功能的性质分类，可分为使用功能和美学功能。

3. 按用户的需求分类，可分为必要功能和不必要功能。

4. 按功能的量化标准分类，可分为过剩功能和不足功能。

价值工程中的功能，一般是指必要功能。价值工程对产品的分析，首先是对其功能的分析，通过功能分析，弄清哪些功能是必要的，哪些功能是不必要的，从而在创新方案中去掉不必要的功能，补充不足的功能，使产品的功能结构更加合理，达到可靠地实现使用者所需功能的目的。

（二）功能定义

功能定义就是以简洁的语言对产品的功能加以描述。因此，功能定义的过程就是解剖分析的过程。

功能定义通常用一个动词和一个名词来描述，不宜太长，以简洁为好。动词是功能承担体发生的动作，而动作的对象就是作为宾语的名词。例如，基础的功能是“承受荷载”，这里，基础是功能，是承担体，“承受”是表示功能承担的基础，是发生动作的动词，“荷载”则是作为动词宾语的名词。

（三）功能整理

功能整理是用系统的观点将已经定义了的功能加以系统化，找出各局部功能相互之间的逻辑关系，并用图表形式表达，以明确产品的功能系统，从而为功能评价和方案构思提供依据。通过功能整理，应满足明确功能范围、检查功能之间的准确程度以及明确功能之间上下位关系和并列关系等几个要求。

功能整理的主要任务就是建立功能系统图，因此，功能整理的过程也就是绘制功能系统图的过程，其工作程序如下：

1. 编制功能卡片。把功能定义写在卡片上，每条写一张卡片，这样便于排列、调整和修改。

2. 选出最基本的功能。从基本功能中挑选出一个最基本的功能，也就是最上位的功能（产品的目的），排列在左边。其他卡片按功能的性质，以树状结构的形式向右排列，并分列出上位功能和下位功能。

3. 明确各功能之间的关系。逐个功能之间的关系，也就是找出功能之间的上下位关系。

4. 对功能的定义做必要的修改、补充和取消。

5. 把经过调整、修改和补充的功能，按上下位关系，排列成功能系统图。

（四）功能计量

功能计量是以功能系统图为基础，依据各个功能之间的逻辑关系，以对象整体功能的定量指标为出发点，从左向右地逐级测算、分析，确定出各级功能程度的数量指标，揭示出各级功能领域中有无功能不足或功能过剩，从而为保证必要功能、剔除过剩功能、补足不足功能的后续活动（功能评价、方案创新等）提供定性与定量相结合的依据功能，计量又分对整体功能的量化和对各级子功能的量化。

四、功能评价

功能评价，即评定功能的价值，是指找出实现功能的最低费用作为功能的目标成本（又称功能评价值），以功能目标成本为基准，通过与功能现实成本的比较，求出两者的比值（功能价值）和两者的差异值（改善期望值），然后选择功能价值低、改善期望值大的功能作为价值工程活动的重点对象。功能评价工作可以更准确地选择价值工程的研究对象，同时，通过制定目标成本，有利于提高价值工程的工作效率，增加工作人员的信心。

第二节　价值工程在施工组织设计中的应用

一、在施工组织设计中应用价值工程的意义

施工组织设计是指导施工企业进行工程投标、签订承包合同、施工准备和施工全过程的技术经济文件，它作为项目管理的规划性文件，提出了工程施工中的进度控制、质量控制、成本控制、安全控制、现场管理、各项生产要素管理的目标及技术组织措施，它既解决了施工技术问题、指导施工全过程，同时又要考虑到经济效果，它不断在施工管理中发挥作用，而且在经营管理和提高经济效益上发挥着作用。每一项施工组织设计，都是保证工程顺利进行、确保工程质量、有效地控制工程造价的重要工具。

具体来说，在施工组织设计中应用价值工程的重要意义表现在以下几个方面：

1. 可以有效合理地降低投标报价、增加施工企业中标的概率，有利于占有市场。

2. 有利于节约使用人力、物力，能够更好地控制项目成本。

3. 有利于确定先进合理的施工方案，保证工程项目如期竣工并发挥效益。

4. 有利于采用科技新成果，更好地实现工程项目的功能要求。

5. 有利于提高企业的技术素质，增加企业的核心竞争力。

二、在施工组织设计中应用价值工程的特点

施工组织设计的编制是实现投资费用价值形态向工程项目实物形态转化的重要过程，虽然在施工组织设计中应用价值工程与工业产品制造下应用价值工程有许多共同之处，但是由于施工组织所研究的对象——水利水电工程具有自己的特点，所以一方面增加了施工组织设计应用价值工程的难度，另一方面形成了有别于工业产品制造应用价值工程的特点。

（一）水利水电工程功能具有相对确定性和相对灵活性

功能的相对确定性是指按照水利水电工程的建设模式和我国传统的项目管理模式，每个水利水电工程的功能一般在勘测设计阶段由勘测设计单位已基本确定，作为施工阶段进入的施工企业的主要任务是考虑怎样实现设计人员已设计出的产品；也就是说，采用什么样的施工方法和技术组织措施来保质保量完成工程施工。而功能的相对灵活性是指：为保证主体工程的顺利施工，需要大量的临建工程和辅企，临建工程和辅企是为主体工程施工服务的，它们的功能也是由主体工程分解和派生下来的，其功能是相对灵活的，如拌和系统不仅要拌制出满足设计规范要求的混凝土，同时也要满足施工强度要求，而施工强度要求根据不同的施工方案和不同工期安排而不同。在采用多方案报价法投标时，可在主体工程的某些方面适当提高或降低主体工程的功能，如提高质量等级和加快工期或降低某些方面的标准等。因此施工组织设计应用价值工程提高价值的模式相对单一，常用的是在满足主体工程的必要功能的前提下降低工程的施工成本，以使项目的利益最大化。

（二）研究对象及功能、成本、目的等内容含义不同于产品制造应用价值工程

一般来说，产品制造中价值工程的研究对象是产品，功能是指用户要求的产品功用，成本是指产品生产成本和使用成本，目的在于以最低寿命周期成本可靠地实现用户要求的功能。而在施工组织设计中，研究对象是工程项目或工程项目的某一部分，功能是指国家对项目的使用要求一如规范、规程及国家强制性规定等和用户对项目的使用要求一如发电量、灌溉量等指标。同时，还有项目交付使用的时间要求。成本是指整个工程项目或项目的某个部分的建造费，目的是指力图以最低的成本，实现国家和用户对工程项目的要求，实现企业的利益最大化。

（三）成本目标制订不同于产品制造应用价值

工业产品的价格，一般由国家统一规定，从既定价格出发，扣除税金、利润和某些流通费用，就可计算出某种产品的社会成本，根据上述资料和企业的具体情况，应用适当的方法制订成本目标，从而指导和控制产品的方案。而水利水电工程具有单一性，生产地点不固定和生产过程长、环节多等特点，这决定了水利水电工程的价格无法统一定价，在投标阶段，施工企业只能根据自身情况确定价格，为增大中标机会，还应综合分析当地所有的材料价格、设备价格、前期已开标标段中标单价或业主其他工程中标单价以及其他类似工程中标单价等资料来预测建设方可能接受的价格，最终确定投标价格，再扣除税金、利润和一些间接费用，作为成本目标；在中标后情况相对简单，可直将合同价格扣除税金、利润和一些间接费用后作为成本目标，也可直接根据企业水平单独制订低于合同价格的成本目标。

（四）施工组织设计应用价值工程需要各专业公众统筹兼顾，力争全局协调一致

工程施工涉及多部门多专业工种。如某碾压混凝土重力坝的浇筑施工方案就要涉及模板设计、入仓方案设计、运输设备选择、拌和系统设计，而拌和系统设计又包括土建设计、机械设计等，需要土建工程师和机械工程师全力配合，若各个专业各自独立设计，势必造成从局部看是合理优良方案，但从全局看未必是合理优良方案。施工组织设计价值工程的任务不仅要保证每个工种专业的设计符合工程要求，做到成本低质量好，还要保证各个专业工种的设计相互配合，在满足工程要求的基础上，使整个工程项目的成本最低，质量最好。

（五）施工组织设计中应用价值工程需要工程建设相关方密切配合，共同完成

建设方作为工程的直接用户，在施工中对工程的优化，必然要征得建设方和设计方的同意。而当采用一项新技术或新材料时，要求不仅要征求建设各方的同意，还要与材料供应商、实验机构密切配合。同时价值工程强调对工程建设应以系统的观点对待，在满足功能的前提下应以工程寿命周期费用最低为追求目标。

（六）施工组织设计一次性比重大，效益体现在单件产品上

在制造工业中，价值改革的成果可在数万件产品中反复使用。通过价值工程活动，如果一件产品节约 1 元钱，那么就可以节约数万元。而水利水电工程具有的单件性，施工组织设计往往也是一次性，生产活动不重复进行。虽然施工组织设计价值工程所取得的经济效益局限地反映在本次工程建设中，但由于水利水电工程建设规模大，少则几千万，多则几十亿，因而价值工程效益非常可观。对于量大面广的一般项目，在某一项目上应用价值工程，取得的成功，往往具有辐射全局的作用。

三、施工组织设计应用价值工程的一般要求

在工程施工中应用价值工程，同一般产品制造过程中应用价值工程有很多相似之处，但是，工程施工与制造产业又有自己独到之处。因此，在施工组织设计中应用价值工程，还应充分注意工程施工的特点。

（一）注意分析工程特点，围绕项目的功用和指标要求，合理制订施工方案

在保证设计要求的前提下，应尽可能地采用工期短、费用省的施工方案。要敢于对多年形成的施工程序和方法质疑，敢于分析现行的施工方案，并提出改进方案。充分发挥工程技术和经济管理人员的聪明才智，创造更多更好的施工方案，从中比较评价，选择最优方案应用。

（二）注意从工程项目的功能要求出发，合理分配资源

分配资源应以满足工程项目功能要求为原则。应用功能分析的原理方法，以功能系统图的形式揭示施工内容，采取剔除、合并、简化等措施使功能系统图合理化，并结合具体施工方式，依据施工企业自身能力估算完成必要功能的工程量，相应地组织材料供应，配备设备、工具、安排人员施工。

（三）在施工组织设计应用价值工程，注意采用新的科技成果

尽量采用新材料、新技术、新结构、新标准，在满足设计文件、设计图纸要求达到的功用、参数水平的情况下，尽可能地降低成本。

（四）要注意临建工程和施工辅企的功能分析

临建工程和施工辅企是为主体工程施工服务的，临建工程和辅企不仅自身需要一定的费用，而且决定了风、水、电、砂石骨料等基础单价，对主体工程的造价影响较大，因此，临建工程和辅企也应进行价值工程活动进行优化，并尤其注意功能分析。临建工程的功能是由主体工程的功能所派生、分解出来的，它不仅需要满足主体工程的质量功能，还需满足其他社会功能的要求，如砂石加工系统不仅需要生产出满足规范要求的砂石骨料，其工艺还需要满足环境保护的要求，以及其生产能力也要满足混凝土浇筑强度要求，而混凝土的浇筑强度是由施工方案和施工进度安排决定的。

四、施工组织设计价值工程的对象选取

因为水利水电工程施工的技术经济问题很多，涉及的范围也很广，为了节省资金，提高效率，只能精选其中一部分来实施，因此，能否正常选择对象是价值工程收效大小和成败的关键。根据对象选择的一般原则和水利水电施工项目的特点，一般主要在以下几个方面对施工组织设计进行价值分析：

（一）施工方案

通过价值工程活动，进行技术经济分析，确定最佳施工方案。

（二）施工总体布置

通过价值工程活动，结合工程所在地的自然地理条件，确定最合理的施工布置，可以明显降低风、水、电、砂石骨料等基础单价，同时可以确定最节约的场内二次转运费用等。

（三）工期安排

通过价值工程活动，确定合理的施工程序和工期安排，尽量做到均衡施工，合理配置资源。尤其在招标文件明确规定工期提前或延后的奖罚条款时，可以明确分析增加赶工措施的经济合理性。

第三节　价值工程在施工管理中的应用

施工是一个综合应用各种资源、各种技术进行有组织有活动的过程，施工管理是施工企业项目管理系统中的一个子系统，这一系统的具体工作内容包括施工项目目标管理、项目组织机构的选择、分包方式的选择、内部分配方法选择等。

一、价值工程在施工管理中应用的意义

施工管理是项目施工日常管理，是对管理制度的管理，施工管理水平的高低往往决定着施工项目管理的成败，因此在施工管理中应用价值工程具有重要的意义。具体表现在：

1. 可以提高项目决策的正确率，有利于提高项目决策水平。

2. 可以提高项目管理的效率，尽量少走弯路。

3. 可以充分发挥集体智慧，使项目员工可以更好地参考与项目管理。

4. 可以使项目树立“用户第一”的观念，有助于施工企业适应买方市场。

二、价值工程在施工目标管理的应用研究

明确而合理的施工目标对施工项目的成功非常重要，因为它明确了项目及项目组成员共同努力的方向，可以使有关人员清楚项目是否处在通向成功的路上，使个人目标与项目整体目标相联系。

（一）施工项目目标的确定

在我国经济发展过程中，施工项目目标形成经历了两个阶段：

1. 传统的施工项目目标

在计划经济时代，工程项目的施工过程中，管理的主要任务是通过科学的组织和安排

人员、材料、机械、资金和方法这五个要素，来达到工期短、质量好、成本低的三大目标。与三大目标直接相关的是计划进度管理、质量管理、成本管理。虽然这三项管理内容各有各的明确目标，但它们并不是孤立的，而是互相密切联系的：若一味地强调质量越高越好，则成本将大大提高，工期也会延长；一味地强调进度越快越好，成本会大大提高，也容易忽视工程质量；只要求降低成本，容易忽视工程质量，投入少了，工期也会延长。而过于忽视质量，可能会造成返工，反而会延长工期，增加成本。

可以看出，传统的三大目标具有相互对立而又相互统一的辩证关系，如何合理处理三者的关系一直是困扰项目管理人员的难题。

2. 战略上的施工项目目标

施工项目是施工企业进行生产和营销等活动的载体，是施工企业生存的基础，是施工企业战略的具体实施单位。项目的目标与企业战略目标必然有着十分密切的联系，项目目标的实现是为实现企业战略目标而服务的，它们之间的关系可以用一个金字塔结构来说明。

根据平衡计分卡理论，施工企业战略至少可以从以下四个视角来识别：

（1）客户视角（客户如何看待我们）

客户关心的问题可以分为四类：时间（工期）、质量、性能和服务、成本，此处的成本是指业主的发包价格和最终结算价格。

（2）内部视角（我们必须在何处追求卓越）

管理者需要把注意力放在那些能够确保满足客户需要的关键内部经营活动上。内部衡量指标应当来自对客户满意度最大的业务流程。

（3）创新与学习视角（我们能否提高并创造价值）

企业创新、提高和学习的能力直接关系着企业的价值。因为只有通过推出新产品，为客户创造更多价值，并不断提高经营效率，企业才能发展壮大。

（4）财务视角

财务评价指标显示了企业战略及实施是否促进了利润的增加。

财务、客户、内部和创新学习四个方面的因果关系是：员工的素质决定产品质量、销售渠道等，产品、服务质量决定顾客满意度和忠诚度，顾客满意度和忠诚度及产品、服务质量等决定财务状况和市场份额。

项目目标可以通过这四个视角来判别是否符合企业战略目标，同样，企业的战略定位也可以通过这四个视角来确定，即在不同战略定位的项目，这四个视角的指标所占比重各有不同。如某施工企业为了在新的地区拓展市场，在投标过程中，制订项目目标时，一般应首先考虑客户视角，保证工期，甚至提前工期，保证质量，并降低报价，那么必然会牺牲部分利润；如为了提高在某类型工程的领先水平，那就必然要求重视创新与学习视角。

传统的三大目标单纯的重视质量、进度、成本，没有与企业的持续发展联系在一起，它的目标具有片面性，甚至在某些时候与企业战略是相悖的。而通过战略上确定的施工项目目标更符合企业长远发展的需要，它的体系更完善。

（二）施工项目目标权重的确定方法

根据平衡计分卡理论，项目目标从战略角度可以大致分为质量、进度、服务、创新、学习、成本，其中质量、进度、服务是为了满足客户需求的，而创新、学习、成本是为了满足企业自身成长、持续发展需要。确定目标权重的目的是正确确立各目标之间的关系，用于指导日常施工管理。从价值工程的角度解释，各目标即是项目的功能区，确定项目各目标权重即是对项目进行功能分析，确定各功能区的功能指数或功能评价值。因为对项目目标分析是为了节约成本，成本目标不作分析对象，只作为评价依据。

因此，确定项目各目标权重的步骤和方法是：

1. 应根据企业战略确定项目所处的地位，明确项目的具体任务。一般应在投标时项目策划阶段或项目初始阶段完成。

2. 根据项目在企业战略中的定位和具体任务，采用环比评分法、多比伊断分法、逻辑评分法、强制打分法（0—1 评分法或 0—4 评分法）确定各目标的功能指数。

3. 根据各目标的功能指数，确定项目各目标的权重，功能指数越大的，项目目标越重要，就越需要全力去实现。

（三）施工项目目标价值分析

当项目各目标权重确定后，为便于指导具体管理工作，应进一步对各目标作价值分析。

对施工各目标作价值分析前，应先计算出为实现各目标的现实成本，以计算各目标的成本指数。计算现实成本应一一列举出为实现该目标而采取的措施，以及该措施所需的费用。然后，用该目标的功能指数与成本指数相比较，得出该评价对象的价值指数。再根据价值指数进行分析：

1. 当价值指数等于 1

说明该目标的功能成本与现实成本大致相当，合理匹配，可以认为该目标的现实成本是合理的。

2. 当价值指数小于 1

说明实现该目标的现实成本大于其功能成本，目前所占的成本偏高，应将该目标列为改进对象。

3. 当价值指数大于 1

说明实现该目标的现实成本小于其功能成本。

出现这种情况的原因可能有三种：

现实成本偏低，不能满足该目标的要求，这种情况应被列为改进对象，改善方向是增加成本。

该目标提得过高，超过了其应该具有的水平，即存在过剩功能，也应被列为改进对象，改善方向是降低目标。

该目标在客观上存在功能很重要而实现其目标的成本却很少的情况，这种情况一般不应被列为改进对象。

三、价值工程在组织设计中的应用研究

组织是施工项目管理的工具，合适的组织是施工项目高效运行的前提。这里所说的组织设计，是指当组织机构运行了一段时间后，因施工项目所承担施工任务的改变、环境改变，为适应新的需要而对组织机构进行的一种调整和重新设计。

（一）在组织设计中开展价值工程的必要性和可行性

组织是项目功能实现的首要保证，而组织设计是组织能够精简高效运行的前提。国内外大量的研究和实践证明，价值工程在提高对象价值方面的效果显著，所以把价值工程的管理思想和技术引入到组织改进设计中应该是非常有意义和必要的。

组织机构设立的过程，实际上是一个功能与成本转换的过程，在这个转换过程中，功能的实现与成本的支出是动态相关而又对立统一的两个方面，而功能与成本的确定是在组织设计中进行的。组织设计的基本目标是要设立一个精简高效的组织，以更低的成本实现更高或基本的功能，与价值工程的基本原理是基本一致的。组织机构设计的基本目标，从价值工程的角度来说就是设计一个价值最高的组织机构体系。这种内在的一致性，决定了在组织设计中开展价值工程活动和进行相应的研究是完全可行的。

（二）应用价值工程进行组织设计的程序

1. 组织的功能与成本

应用价值工程进行组织设计，就是实现组织功能与组织成本转换的过程。如前所述，施工项目是施工企业进行生产和营销等活动的载体，其目标的实现是通过向买方（业主）提供某种或几种产品和服务，这是施工项目作为一个组织的基本功能，或称之为整体功能。项目的整体功能可以再分为基本功能和专业功能：基础功能一般是许多项目共有的，对完成整体功能起支持作用的，如财务、人力资源、技术等；而专业功能是为项目提供特色产品和服务起支持作用的，根据项目所承担施工任务及合同条件有所差别。

项目的组织成本是指项目的人力资源成本，即项目所需付给项目员工的所有报酬及根据企业规定需缴纳的相关费用。而项目其他方面的成本与组织设计关系不大，如项目财务成本、采购成本、制造成本等并不会因为组织机构设置的改变而改变，所以在此不必考虑。另外需要注意的是，价值工程只是组织设计的一种方法和手段，不能代替组织设置的原则和部门化原则，所以在组织设计中实施价值工程时还需作一个假定：组织机构设计是按其原则进行的一种相对最优设计，故组织的制度成本在此也不予考虑。

2. 对象选择

在组织设计中实施价值工程，其对象选择，一般以整个项目组织为对象，也可以选择其中的一部分为对象。当选择组织的一部分为对象时，对象选择的一般原则是：在经营上

迫切需要改进的部门；功能改进和成本降低潜力比较大的部门。

3. 功能分析

在分析信息和资料的基础上，简明准确地描述组织功能、明确功能特性并绘制功能系统图，通过功能分析，明确该组织的主要作用。

4. 功能评价

水利水电工程施工项目一般时间跨度大，往往由多个不同阶段组成，每一个阶段项目施工的重点不一样，组织设计的目的就是调整组织以满足不同阶段的施工任务要求，如果采用功能成本法对某一阶段的组织功能进行评价，需将组织的总成本按不同阶段进行分解，所需时间较长，工作量较大，不便于项目在组织中开展价值工程活动；而采用功能指数法，只需求出本阶段功能指数阶段成本指数比值，即为价值指数，根据指数大小即可确定改进对象，功能指数是相对指数，根据本阶段施工任务确定本阶段各功能的相对权重即可，简单易操作，工作量小。因此，这里推荐在阶段性的组织设计中采用功能指数法进行功能评价。

5. 选择改进对象

选择改进对象时，考虑的因素主要是价值系数大小，以价值系数判断是否要进行改进，改进的幅度以成本改善期望值为标准。即

（1）当价值系数等于或趋近于 1 时

功能现实成本等于或趋近于功能目标成本，说明功能现实成本是合理的，价值比较合理，无需在组织中增加或减少人员。

（2）当价值系数小于 1 时

表明功能现实成本大于功能评价值，说明该功能现实成本偏高，应考虑在组织中减少人员以降低成本、提高效率。

（3）当价值系数大于 1 时

表明功能现实成本小于功能评价成本，说明功能现实成本偏低。原因可能是组织人员不足而满足不了要求，则应增加人员，更好地实现组织要求的功能；还有一种可能是功能评价值确定不准确，而以现实成本就能够实现所要求的功能，现实成本是比较先进的，此时无须再增加或减少人员。

（三）组织的功能指数和现实成本指数的计算方法

1. 组织功能现实成本的计算

组织的成本是以部门为对象进行计算的，功能的现实成本的计算则与此不同，它是以功能为单位进行计算的。在组织中部门与功能之间一般呈现一种相互交叉的复杂情况，一个部门往往具有几种功能，一种功能也往往通过多个部门才能实现。因此计算功能现实成本，就是采用适当的方法将部门成本分解到功能中去，分解的方法如下：

（1）当一个部门只实现一项功能，且这项功能只由这个部门实现时，部门的成本就是

功能的现实成本。

（2）当一项功能由多个部门实现，且这多个部门只为实现这项功能服务时，这多个部门的成本之和就是该功能的现实成本。

（3）当一个部门实现多项功能，且这多项功能只由该部门实现时，则按该部门实现各功能所起作用的比重将成本分配给各项功能，即为各功能现实成本。

（4）更普遍的情况是多个部门交叉实现多项功能，且这多项功能只能由这多个部门交叉地实现。计算各功能的现实成本，可通过先分解再合并的方法进行。首先将各部门成本按部门对实现各项功能所起作用的比重分解到各项功能上去，然后将各项功能从有关部门分配到的成本相加，便可得出各功能的现实成本。

（5）确定部门对实现功能所起作用的比重，可通过头脑风暴法、哥顿法、德尔菲法或评分法等方法确定。

（6）各功能的现实成本计算出来，再求出各功能成本占功能总成本的比值即为该功能的现实成本指数。

2. 功能指数的计算

功能指数即为功能重要性系数，是指所评价功能在整体功能中所占的比率。确定功能指数的关键是对功能进行打分，常用的打分方法有强制打分法（0–1 评分法或 0–4 评分法）、多比例评分法、逻辑评分法、环比评分法等，常用的是强制打分法。

第四节　价值工程在工程材料选择中的应用

一、在工程材料选择中应用价值工程的意义

在工程材料选择中应用价值工程的意义主要体现在以下几方面：

（一）有利于在保证工程质量情况下降低工程造价

工程材料是构成建筑物的物质基础，材料费又在工程成本中占很大比重，同时，工程材料的质量直接影响着工程质量。因此正确的选择工程材料是保证工程质量和降低工程造价的重要途径。

但在人们的普遍观念中，往往把高质量建筑产品与高造价等价起来，以至于在工程设计和施工中主要选用质量好价格高的材料，阻碍了在工程项目中进行科学合理的材料选择，同时也造成一定的浪费。价值工程认为，满足一定的工程功能要求的材料是有多种替代方案。在众多方案的比较中，一定可以得到一种既可以满足功能要求又能使费用较少的方案。因此，在工程材料选择中应用价值工程分析技术，可以根据研究对象的功能要求，科学合理地选择既满足功能要求同时费用又相对低廉的材料，大幅度提高工程价值，使工程质量

的保证和工程造价的降低有机地结合起来。

（二）可以增强工程技术人员的经济观念，提高施工企业的经营管理水平

受过去计划经济体制的影响，仍有很多工程技术人员存在着重技术轻经济的思想，在工程施工中往往片面强调技术的适用性、安全性，而不考虑或很少考虑企业的经济性，或者忽视用户的利益，不愿意做深入细致的调查研究工作，不愿意多提出几个工程材料选择的方案进行比较，导致工程的功能过剩，造价过高。在工程材料的选择中应用价值工程，能够使工程技术人员从功能和成本两个方面去分析评价工程材料，根据具体的工程功能要求，优先选用价值较高的材料。工程技术人员通过在应用价值工程的实践中，逐步增强经济观念，在客观上起到了促进施工企业经营管理水平提高的作用。

（三）有利于促进工程建筑材料生产现代化，为工程材料选择创造了更加丰富的物质条件

在工程材料选择中应用价值工程，施工企业根据具体研究对象的功能分析，可以进一步优化工程材料的技术经济结构，并且把这种优化结果通过市场机制反作用于建筑材料的生产过程，从而影响到建筑材料的生产结构和方向，促进建筑材料行业加快革新和科技成果转化的步伐。从这方面来说，价值工程在工程材料选择中的应用客观地为建筑材料的科技成果与工程项目相结合架设了沟通的桥梁，促进了新型材料和构件等的科研、生产与实际应用的联系，促进了我国建筑材料生产的现代化。建筑材料生产的现代化，又为下一轮工程选材中应用价值工程创造了丰富的物质条件，提供了更大的选择范围，形成建筑材料的生产发展与工程选材的良好循环。

二、在工程材料选择中应用价值工程的一般要求

对于施工企业来说，在工程施工中应用价值工程对材料选择进行价值优化有如下要求：

1. 施工人员必须与建设各方进行沟通，尤其是建设方（业主）和设计单位进行沟通，充分领会工程设计中建筑结构功能对材料的功能要求，并根据材料功能要求选用符合功能要求的材料，否则应用价值工程进行材料选择优化将无从谈起。在工程施工中施工企业进行材料选择必须满足建设各方对材料的功能要求，同时也不能随意地提高其功能。

2. 施工人员必须熟悉各种材料的不同性能、特点。在材料功能得到满足的前提下，应尽量考虑有无可代用材料。如今材料工业的高速发展，为在工程中进行材料优选提供了更广阔的空间，实现一种功能可以有多种材料。这就需要施工工程技术人员掌握信息技术，熟悉各种材料的性能和优缺点，根据工程结构要求的材料功能进行科学合理的选择。

3. 在进行材料选择时应注意其对材料供应过程的影响。建筑材料的选择要尽量选择本地产品，尽量选用国内产品，要尽量选用易储存保管的产品。

4. 在工程材料选择中应用价值工程，施工企业还应注意材料信息收集和积累，可根据

企业的自身情况建立材料信息库，并不断进行材料信息的更新，以保证信息具有及时性、高效性、准确性、广泛性，以便工程技术人员随时查阅。

第五节　价值工程在施工机械设备管理中的应用

设备是企业生产的重要物质技术基础，是生产力的重要标志之一。现代化企业设备水平日趋大型化、自动化、连续化和高效化。连续的流水生产过程生产环节多，前后工序复杂，其中任何一个环节的设备发生故障，就会打乱生产节奏，使整个企业生产发生波动。因此，企业设备运行的技术状态直接影响到企业产品产量、质量、成本和企业的综合经济效益，还危及企业的安全和环保工作。把握现代企业的发展趋势，结合具体情况探索加强企业设备管理的有效方法，对提高企业设备管理水平，增强企业竞争能力，提高企业经济效益具有重要作用。企业设备管理的基本任务是在保证企业最佳综合经济效益的前提下提供优良的技术装备，对设备进行全过程综合管理，使企业的生产活动建立在最佳的物质技术基础上。因此，合理地选择、经济地使用、及时地维修设备，适时进行技术改造和设备更新，成为企业设备管理中十分重要的问题。

一、在施工机械设备管理中应用价值工程的意义

在施工机械设备管理中应用价值工程的意义主要体现在以下几方面：

（一）有利于项目合理选择施工机械设备

市场和企业所拥有的各种类型的施工机械设备具有各种不同的功能，项目需要采取切实可靠的方法进行选择。价值工程作为一种系统的功能分析方法，它分析施工机械设备的功能状况，比较施工机械设备的生产率、可靠性、安全性、耐用性、维修性、节能性等方面，是一种简单易行、科学高效的手段。同时，通过价值工程的功能分析方法，项目可以更好地系统分析本工程生产对施工机械设备的具体功能要求，寻求最适合本项目实际情况的施工机械设备，科学合理地选择施工机械。

（二）有利于节约投资，提高其投资效果，大幅度提高企业技术装备的整体价值

在对具体的施工机械设备投资进行分析研究中，施工企业可以应用价值工程的功能成本分析方法，从施工机械设备的功能和成本两个方面的相互作用、相互联系中寻求最合理的投资方案，可以避免片面追求高功能施工机械设备而带来的不必要浪费，同时避免过分强调低成本，盲目减少施工机械设备投资而导致施工机械设备功能不足，从而造成一系列相关的经济损失。由于价值工程强调在可靠实现施工机械设备功能基础上达到施工机械设备的投资最小的目标，因此通过应用价值工程，施工企业可以节约施工机械设备投资，提

高施工机械设备投资效果，使施工企业拥有的施工机械设备在功能和成本上达到较为完美的匹配，从而大幅度提高施工企业技术装备的整体价值。

（三）有利于提高施工机械设备的利用效率，降低其费用在工程成本中的比重，从而降低施工企业成本

一般在水利水电工程施工中，施工机械设备投资占到了施工总成本的60%~70%。通过应用价值工程系统地分析企业对施工机械设备的功能要求，比较市场上各种功能水平的施工机械设备，选择最适合本企业和本工程情况的施工机械设备，可大大提高施工机械设备的利用效率，降低机械设备的寿命周期成本，那么机械费在工程成本中的比重也会随之减小，即降低施工机械设备费用在单位建筑安装工程量的分摊额，从而降低施工企业的施工成本，使施工企业获得良好的经济效益。

（四）有利于加强施工项目的施工机械设备的有效管理，提高管理水平，促进施工企业发展壮大

在施工机械设备管理中应用价值工程有助于实施优良的项目内部管理、生产经营活动以及提高经济效益。机械设备是企业从事生产活动三个基本要素之一，是生产力的重要组成部分，也是企业重要的物质财富。有效地设备管理不仅有助于产品的生产，同时与项目内部的其他各项管理活动也有着重要的联系。项目的生产经营活动首先要建立在产品的生产上，产品的生产要以优良而又经济的机械设备为基础，机械设备的有效运行又要以有效地设备管理为保障。有效的设备管理能够使项目的生产经营活动建立在最佳的物质技术基础上，保证生产设备的正常运行，保证生产出符合质量要求的产品，帮助减少生产消耗、降低生产成本，能够提高资源的利用率和劳动效率，降低生产成本，提高项目的经济效益。

二、在施工机械设备管理中应用价值工程的一般方法

（一）价值工程在施工机械设备管理具有的特点

1. 价值工程的目标是以最低的寿命周期成本，使设备具备必需的功能，通过降低成本来提高价值的活动应贯穿于设备采购、维修、更新的全过程。

2. 价值工程的核心，是对设备进行功能分析。

3. 价值工程将设备价值、功能和成本作为一个整体同时来考虑，不能只片面、孤立地追求设备的功能，而忽略了设备的价值和成本。

4. 价值工程强调不断改革和创新，企业在只有通过不断开拓新构思和新途径，才能提高设备的综合经济效益。

（二）提高施工机械设备价值的途径

从价值工程的定义，可以得到提高施工机械设备价值的五种典型途径：

1. 功能不变，降低成本（节约型）。

2. 成本不变，提高功能（改进型）。

3. 提高功能，降低成本（改进、节约双向型）。

4. 功能略降，成本有更大幅度的下降（牺牲型）。

5. 增加较少成本，促使功能有更大的提高（投资型）。

就整个施工企业管理来讲，可将价值工程的定义分解为：价值（企业综合效益）= 功能 / 成本 =(设备功能 + 经营管理功能 + 劳动智力功能)/(设备成本 + 劳动生产成本 + 原材料辅料成本)。

（三）施工机械设备的功能分析

功能分析是价值工程的核心。企业对设备的采购、维修、更新是通过购买设备获得所期望的功能，应用价值工程理论分析设备功能的意义在于准确评价设备的功能和价值，为合理选购设备和维修、改造、更新设备提供科学的依据。从而提高设备的功能，降低成本，达到提高价值即企业的经济效益的目的。

1. 生产性

生产指设备的生产率，一般以设备在单位时间内的产品出产量来表示。成本相同，生产性好的设备，其产生的价值就高，反之就低。

2. 可靠性

从广义上讲，可靠性就是精度、准确度的保持性与零部件的耐用、安全、可靠性等。指在规定的时间内和使用条件下，确保质量并完成规定的任务，无故障地发挥机能的概率。优良的可靠性保证了设备的正常使用寿命和所产产品的质量，因而有利于价值的较大提高。

3. 灵活性

灵活性指设备在不同工作条件下，生产加工不同产品的适应性。灵活性强的设备，其价值就高。

4. 维修性

维修性指设备维修的难易程度。维修性直接影响设备维护保养及修理的劳动量和费用。维修性好一般指结构较为简单，零部件组合合理，维修时容易拆卸，易于检查，通用化和标准化程度高，有互换性等。

5. 安全性

安全性指设备对生产安全的保障性能。如是否安装有自动控制装置，以提升设备操作失误后防止事故、排除故障及降低损耗的能力，达到降低成本、提高价值的目的。

6. 节能性

节能性指设备节约能源的性能：能源消耗一般用设备在单位开动时间内的能源消耗量来表示，如每小时的耗电量、耗油量等，也可以用单位产品的能源消耗量来评价。

7. 节料性

节料性指设备节约原、材、辅料的性能。节料性好的设备生产成本低、价值高。

8. 配套性

配套性指设备的配套性能。设备要有较广泛的配套性。配套大致分为和单机、机组、项目配套三类。配套性好的设备使用价值就高。

9. 环保性

环保性指设备对于环境保护的性能。环保性的优劣决定设备综合价值的优劣。

10. 自动性

自动性指设备运转的自动化水平。设备运转自动化水平越高，其功能价值越高。

（四）价值工程在施工机械设备选购中的应用

设备采购是设备管理的一项重要工作。选购设备必须要对设备全寿命周期成本进行经济分析，通过全寿命周期成本的研究对所有费用单元进行分解、估算。用最小的总成本获得最合理的效能，提高设备的价值，是选购设备的原则。在选购设备时应用价值工程理论主要应把握好以下三点：

1. 性能好、技术先进、维修便利

对可供选择的各种设备进行全面、认真的功能分析，互相比较，尽可能选购功能好、多、高，技术先进、产品质量好、维修便利的设备。

2. 适用性强、效率高

切勿贪大求洋，盲目追求设备的先进性和自动化水平。最先进的设备所具备的高、多功能不一定适合本企业。自动化水平特别特别高的，先进设备还易因受到企业投资规模、经济环境、市场、原材辅料供应、配套能力、职工素质及管理水平等因素的制约，发挥不出其先进的功能，甚至使企业背上沉重的经济包袱，严重影响企业的发展。因此，选购的设备不仅要功能好、技术先进，还要适用性强，符合本地区、本项目的客观实际，才能充分发挥其功能，为企业创造出理想的经济效益。

3. 经济上合理、成本低

选择设备时，应进行经济评价，通过几种方案的对比分析，选购价值较高的设备，以降低成本，用较小的投入获得最合理的效益。当然价值较高不一定最便宜，多数情况下，设备功能的高低与相对成本的大小成正比。

（五）价值工程在施工机械设备维修中的应用

设备管理的社会化、专业化、网络化以及设备生产的规模化、集成化使得设备系统越来越复杂，技术含量也越来越高，维修保养需要各类专业技术和建立高效的维护保养体系才能保证设备的有效进行。在各种可能的情况下，如何提高设备维修工作的价值？设备维修工作的功能是使设备的技术状态适应生产活动的需要，同时尽可能地缩短维修时间，提高设备利用率。在设备维修工作中开展价值工程的目的，是以尽可能少的维修费用和设备使用费用来实现设备维修工作的功能。要想提高设备维修工作的价值，必须根据不同设备的使用要求和技术现状，合理确定设备的维修方式，如确定应实行大修、项修还是改良性修理，力争以最低的寿命周期费用，使设备的技术状态符合生产活动的需要。在设备维修中开展价值工程，主要有以下几种途径：

1. 对原出厂时设备的性能、精度、效率等不能满足生产需要的设备，结合技术改造进行改善修理。

2. 对生产活动中长期不使用某些功能的设备，侧重进行项目修理，替代设备的大修，则可节约维修费用，缩短维修时间，提高设备利用率。

3. 对设备实行项目修理所需要的维修时间、维修费用都接近大修时，对设备进行全面修理，即设备的大修。通过大修可以全面恢复设备的出厂功能，有利于在生产条件发生变化时发挥设备的适应性。

设备是采用改善修理、维修或大修，这需要通过实践去积累经验，并通过技术进行分析、比较，逐步探索出合理划分改善修理、维修、大修界限的定量的参考数据。

（六）价值工程在施工机械设备更新中的应用

设备的磨损是设备维修、改造、更新的重要依据。设备磨损有两类：一是有形磨损，造成设备技术性陈旧，使得设备的运行费用和维修费用增加，效率降低，反映设备的使用价值降低。二是无形磨损，包括由于技术进步，社会劳动生产水平的提高，同类设备的再生产价值降低，原设备相对贬值；科学技术进步，不断创新出性能更完美、效率更高的设备，使原有设备相对陈旧落后，其经济效益相对降低而发生贬值。

设备更新是对旧设备的整体更换，也就是用原型新设备或结构更合理、技术更加完善、性能和生产率更高、比较经济的新设备，更换陈旧了的，在技术上不能继续使用，或在经济上不宜继续使用的旧设备。就实物形态而言，设备更新是用新的设备替代陈旧落后的设备，就价值形态而言，设备更新是设备在运动中消耗掉的价值的重补偿。设备更新是消除设备有形磨损和无形磨损的重要手段，目的是为了提高企业生产的现代化水平，尽快形成新的生产能力。

当设备因磨损价值降低到一定水平时，就应考虑及时更新。特别是对那些效率极低、消耗极大，确无修复价值的陈旧设备，应予以淘汰，确保企业设备的优化组合，进行设备更新时应考虑以下几点。

1. 不考虑沉没成本，即已经发生的成本。不管企业对该设备投入多少，产出多少，这项成本都不可避免地发生了，因而决策对它不起作用的。

2. 不能简单地按照新、旧设备方案的直接现金流量进行比较，而应立于一个客观的立场。

3. 逐年滚动比较。逐年滚动比较是指确定最佳更新时机时，应首先计算比较现有设备的剩余经济寿命和新设备的经济寿命，然后利用逐年滚动计算方法进行比较。

参考文献

[1] 贺芳丁，从容，孙晓明 . 水利工程设计与建设 [M]. 长春：吉林科学技术出版社，2020.

[2] 张义 . 水利工程建设与施工管理 [M]. 长春：吉林科学技术出版社，2020.

[3] 刘江波 . 水资源水利工程建设 [M]. 长春：吉林科学技术出版社，2020.

[4] 宋美芝，张灵军，张蕾 . 水利工程建设与水利工程管理 [M]. 长春：吉林科学技术出版社，2020.

[5] 王立权 . 水利工程建设项目施工监理概论 [M]. 北京：中国三峡出版社，2020.

[6] 张奎俊，王冬梅 . 山东省水利工程建设质量与安全监督工作手册 [M]. 北京：中国水利水电出版社，2020.

[7] 刘景才，赵晓光，李璇 . 水资源开发与水利工程建设 [M]. 长春：吉林科学技术出版社，2019.

[8] 孙祥鹏，廖华春 . 大型水利工程建设项目管理系统研究与实践 [M]. 郑州：黄河水利出版社，2019.

[9] 周苗 . 水利工程建设验收管理 [M]. 天津：天津大学出版社，2019.

[10] 高爱军，王亚标，孙建立 . 水资源与水利工程建设 [M]. 长春：吉林科学技术出版社，2019.

[11] 刘明忠，田森，易柏生 . 水利工程建设项目施工监理控制管理 [M]. 北京：中国水利水电出版社，2019.

[12] 侯超普 . 水利工程建设投资控制及合同管理实务 [M]. 郑州：黄河水利出版社，2018.

[13] 邱祥彬 . 水利水电工程建设征地移民安置社会稳定风险评估 [M]. 天津：天津科学技术出版社，2018.

[14] 鲍宏喆 . 开发建设项目水利工程水土保持设施竣工验收方法与实务 [M]. 郑州：黄河水利出版社，2018.

[15] 王绍民，郭鑫，张潇 . 水利工程建设与管理 [M]. 天津：天津科学技术出版社，2018.

[16] 李平，王海燕，乔海英 . 水利工程建设管理 [M]. 北京：中国纺织出版社，2018.

[17] 盖立民 . 农田水利工程建设与管理 [M]. 哈尔滨：哈尔滨地图出版社，2018.

[18] 胡琴，范振雷 . 水利工程建设施工管理实务 [M]. 哈尔滨：哈尔滨地图出版社，2018.

[19] 孙本轩，张旭东，杨萍萍 . 水利工程建设管理与水经济发展 [M]. 五家渠：新疆生产建设兵团出版社，2018.

[20] 赵宇飞，祝云宪，姜龙 . 水利工程建设管理信息化技术应用 [M]. 北京：中国水利水电出版社，2018.

[21] 高翠云，康抗，施涛 . 水利水电工程建设管理 [M]. 天津：天津科学技术出版社，2018.

[22] 曹忠遂，岳三利，陈峰 . 黄河水利工程管理与建设 [M]. 北京：北京工业大学出版社，2018.

[23] 鲁杨明，赵铁斌，赵峰 . 水利水电工程建设与施工安全 [M]. 海口：南方出版社，2018.

[24] 张平，谢事亨，袁娜娜 . 水利工程施工与建设管理实务 [M]. 北京：现代出版社，2018.

[25] 郭小瀛，孙贝贝 . 龙口水利枢纽工程建设征地与移民安置 [M]. 沈阳：沈阳出版社，2018.

[26] 贾洪彪 . 水利水电工程地质 [M]. 武汉：中国地质大学出版社，2018.

[27] 王海雷，王力，李忠才 . 水利工程管理与施工技术 [M]. 北京：九州出版社，2018.

[28] 高占祥 . 水利水电工程施工项目管理 [M]. 南昌：江西科学技术出版社，2018.

[29] 沈凤生 . 节水供水重大水利工程规划设计技术 [M]. 郑州：黄河水利出版社，2018.

[30] 张毅 . 工程项目建设程序：第 2 版 [M]. 北京：中国建筑工业出版社，2018.

[31] 刘勤 . 建筑工程施工组织与管理 [M]. 银川：阳光出版社，2018.